한국의 집게

김미향 • 손민호 지음

해양과학공동연구소 해양과학 총서 제2권

아카데미서적

Hermit Carbs in Korean Waters
Korea Inter-University Institute of Ocean Science, PKNU, Serial Publication No.2

M.H. Kim, Ph.D. and M.H. Son, Ph.D.

Seoul, Korea
Tel: 02-516-3131~3
Fax: 02-542-9254
e-mail: aca97@hitel.net
home-page: http://www.academybook.co.kr

Printed in Requblic of Korea

ISBN : 89-7616-376-1 93490

머리말

저자들은 그리 길지는 않지만 짧지도 않은 기간 동안 해양생물, 그 중에서도 주로 해양 무척추동물에 대한 연구를 해 오면서 나름대로 전문가로서의 식견을 갖추었다는 자부심을 가졌던 것이 사실이다. 그러나, 간혹 일반인들을 대상으로 한 현장교육에서나 혹은 주변 사람들로부터의 해양 무척추동물들에 관한 작은 질문에, 상당한 식견을 갖추고 있다던 스스로의 자부심이 여지없이 무너지는 경우가 허다했던 것도 사실이다.

"선생님 혹은 아빠, 엄마 이것은 무슨 생물인가요? 이들은 어떻게 살아가나요?"

"그래 이것은 어떠어떠한 생물이며 이들은 바닷속에서 어떻게 살아가고 생태계 내에서 이들의 역할은 무엇이며… 주절주절…."

이렇게 단순, 명료한 질문을 받고도 진땀깨나 빼는 설명현장이 지금도 눈앞에 선하게 떠오른다. 그렇다고 이들에게 어려운 전문 용어로 쓰여진 영어나 일어, 불어의 학술논문이나 전문도서를 들춰 보이며 설명할 수도 없을 뿐더러, 마땅하게 추천하거나 보여 줄 우리말과 쉬운 설명으로 된 자료가 있는 것도 아니다.

당황스러운 상황을 겪을 때마다 항상 '모든 일을 제쳐 두고 해양생물을 일반인에게 쉽게 설명할 수 있는 책을 만들자!' 라는 다짐을 하고는 하였다. 그러한 다짐이 일 년, 이 년…. 벌써 근 10여 년의 세월이 지나버렸다. 그러한 다짐이 거의 꼬리를 내릴 즈음에 부경대학교 해양과학공동연구소 해양과학총서 제2권의 제작에 필요한 연구비 지원이 결정되었고, 그 결정은 평소 해양 무척추동물 중 비교적 다양하고 알찬 사전준비가 되어 있던 '집게' 에 관한 자료들을 취합하고 정리하여 출판하는 것으로 초점이 맞추어졌다. 이번에 출판되는 『한국의 집게』는 해양과학 총서의 시작일 뿐이며 앞으로 관련 자료의 축적 순서에 따라 『한국의 두족류, 게류, 고둥류, 새우류, 불가사리류』 등등 일반인들이 우리 바다의 해양생물들을 쉽게 이해하고 사랑할 수 있도록 작지만 알찬 설명서들을 계속 만들어 갈 생각이다.

저자들은 현장과 실내에서 직접 촬영한 가능한 한 많은 사진자료를 활용하여 한국의 집게에 대하여 누구나 고개를 끄덕일 수 있도록 쉽게 설명을 풀어가려고 나름대로 노력하였다. 그러나, 다소 긴 세월 동안 몸에 밴 학자인 체하는 어설픈 습관들이 간혹 책의 중간 중간에서 현학적인 용어를 쓰게 하였는지도 모르지만 그런 부분들에 대해서는 독자 여러분의 넓은 아량으로 이해를 바라는 바이다.

끝으로 바다와 바다생물을 사랑하는 모든 분들에게 『한국의 집게』가 조그만 도움이라도 되기를 진심으로 바란다. 더불어 『한국의 집게』를 집필할 수 있는 학문적 능력을 키워 주신, 지금은 은퇴하신 홍성윤 교수님과, 기꺼이 연구비 지원을 결정하고 추진해 주신 해양과학공동연구소 김석윤 소장님과 김재영 실장님 그리고 집게 표본의 사진을 제공해 주신 김정년 박사님께 진심어린 감사를 드린다. 또한, 이 책의 일부는 2005년 교육인적자원부의 재원으로 한국학술진흥재단의 지원을 받아 수행된 바를 밝히며 (R03-2004-000-10006-0), 『한국의 집게』가 세상의 빛을 볼 수 있도록 적극적으로 도와 주신 도서출판 아카데미서적 사장님께도 깊은 감사를 드린다.

저 자 일 동

차 례

출현종 50

Family Paguridae 참집게과

:::: 서식지역

집게류 (hermit crabs)는 우리가 조간대[1]에 나갔을 때, 가장 친숙하게 와 닿는 해양생물 중의 하나로, 그들이 은신처로 사용하고 있는 고둥의 화려한 무늬라든지, 집을 바꾸는 습성 등은 우리가 집게에게 친숙하게 다가설 수 있는 계기가 되게 한다 (그림 1). 조간대에서 흔히 볼 수 있는 바다의 집게류 외에도 육상에서의 생활에 적응하여 살고 있는 집게류도 있다. 이러한 육상 집게류들은 실제 애완용으로 많은 가정에서 사육되고 있다. 그러나, 지구상에는 현재 800종 이상의 집게류들이 살고 있는 것으로 알려져 있는데, 그 중에서 육상에 적응한 집게류는 불

그림 1 집게류를 쉽게 관찰할 수 있는 조수 웅덩이

1) 바닷가에서 밀물과 썰물에 따라 공기 중에 드러났다가 잠겼다가 하는 부분.

과 12종에 불과하고, 나머지는 바다에서 살고 있다 (McLaughlin, 1983). 대부분의 집게류는 주로 밤에 먹이를 먹거나 짝을 찾는 야행성이다. 간혹 낮에 물 속에서 움직이는 집게를 발견하기도 하지만 밤에 물 속에 들어가 보면 훨씬 많고 다양한 집게들이 여기저기를 돌아다니고 있는 장면을 보게 된다. 집게류의 서식 범위는 파도가 출렁이는 바닷가 조간대 지역에서부터 수심 수백 m에 이르기까지 아주 다양하며, 열대 지역에서부터 남극이나 북극바다에까지 전 지구적으로 분포하고 있다.

특히, 우리나라는 삼면이 바다로 둘러싸여 있어 어느 바닷가에서나 약간의 관심만 있어도 쉽게 집게를 발견할 수 있다. 동해와 남해의 암반 조간대나 바위 틈 사이에서 주로 서식하는 종 〔예; 참집게 (*Pagurus filholli*), 털다리참집게 (*Pagurus lanuginosus*)〕, 서해와 남해의 모래해변에서 주로 서식하고 있는 종 〔예; 긴왼손집게 (*Diogenes nitidimanus*)〕, 서해의 모래나 펄갯벌 등에서 주로 서식하고 있는 종 〔예; 긴발가락참집게(*Pagurus minutus*)〕 등 저서 기질을 포함한 각 해역의 환경 특성에 따라 다양한 종들이 그 곳의 환경에 적응하여 살아가고 있다 (그림 2).

저서 기질의 특성뿐만 아니라, 바다의 깊이에 따라서도 다양한 수심에서 다양한 종류의 집게들이 서식하고 있다. 우리가 가장 흔하게 조간대에서 관찰할 수 있는 종으로는 털다리참집게 (*Pagurus lanuginosus*), 참집게 (*Pagurus filholi*), 긴발가락참집게 (*Pagurus minutus*) 등이 있으며, 수심 10m 전후에서 관찰할 수 있는 종으로는 붉은얼룩참집게 (*Pagurus similis*), 털보긴눈집게 (*Paguristes ortmanii*) 등이 있고, 수심 100m 이상의 깊은 바다 속에서 주로 서식하고 있는 종에는 북방참집게 (*Pagurus ochotensis*)나 납작손참집게 (*Parapagurodes gracilipes*) 등이 있다.

그림 2 저서 기질에 따른 각 기질의 종류별 대표적인 집게류

:::: 집게의 분포

우리나라에서 출현하는 집게류 (이 책에서는 고둥이나 해면 등을 그들의 은신처로 가지고 있는 복부가 말랑말랑하게 진화되어 있는 종으로 한정)는 현재까지 3과 38종이 알려져 있다 (Oh, 1997; Kim *et al.*, 2004). 이 책에 실려 있는 종들은 저자들이 표본을 확보한 종으로 한정되나, 우리나라 근해에서 서식하는 집게류 중 이미 학계에 알려져 있는 종뿐만 아니라 아직까지 우리나라에서의 서식이 보고되지 않은 2과 8종 [털손왼손집게 (*Diogenes penicillatus*), 민무늬긴눈집게 (*Paguristes versus*), 얼룩다리참집게 (*Pagurus decimbrachiae*), 흰점털다리참집게 (*Pagurus maculosus*), 검은참집게 (*Pagurus nigrofascia*), 검은줄무늬참집게 (*Pagurus nigrovittatus*), 일본참집게 (*Parapagurodes nipponensis*), 곧은배참집게 (*Pylopagurus serpulophilus*)] 의 집게류도 포함하고 있다.

이 책에서 설명되는 집게들은 우리나라 연안에서 특정 지역에서만 서식하고 있는 종이 있는가 하면, 우리나라 전 연안에 걸쳐 폭넓게 분포하고 있는 종들도 있다(그림 3). 동해안에서 주로 서식하고 있는 대표적인 종들로는 오막손참집게 (*Elassochirus cavimanus*), 세모손참집게 (*Pagurus trigonocheirus*)등이 있고, 서해와 남해 지역에서 주로 서식하는 대표적인 종으로는 검은참집게 (*Pagurus nigrofascia*)가 있으며, 동해와 서해에서 동시에 발견되는 종으로는 북방참집게 (*Pagurus ochotensis*), 납작손참집게 (*Parapagurodes gra-*

cilipes)가 있다. 특이하게 제주도와 독도 등지에서만 서식하는 종들도 있는데, 제주도에서 서식하는 종으로는 벽돌길윈손집게 (*Dardanus crassimanus*), 굵은눈윈손집게 (*Dardanus pedunculatus*), 발가숭이긴눈집게 (*Paguristes seminudus*), 얼룩다리참집게 (*Pagurus decimbrachiae*) 등이 있으며, 독도에서만 서식하는 종으로는 검은줄무늬참집게 (*Pagurus nigrovittatus*), 서도참집게 (*Parapagurodes imaii*) 등이 있다. 반면 우리나라 전 연안에 걸쳐 폭넓게 분포하는 집게류로는 넓적윈손집게 (*Diogenes edwardsii*), 털보긴눈집게 (*Paguristes ortmanni*), 털다리참집게 (*Pagurus lanuginosus*) 등이 있다.

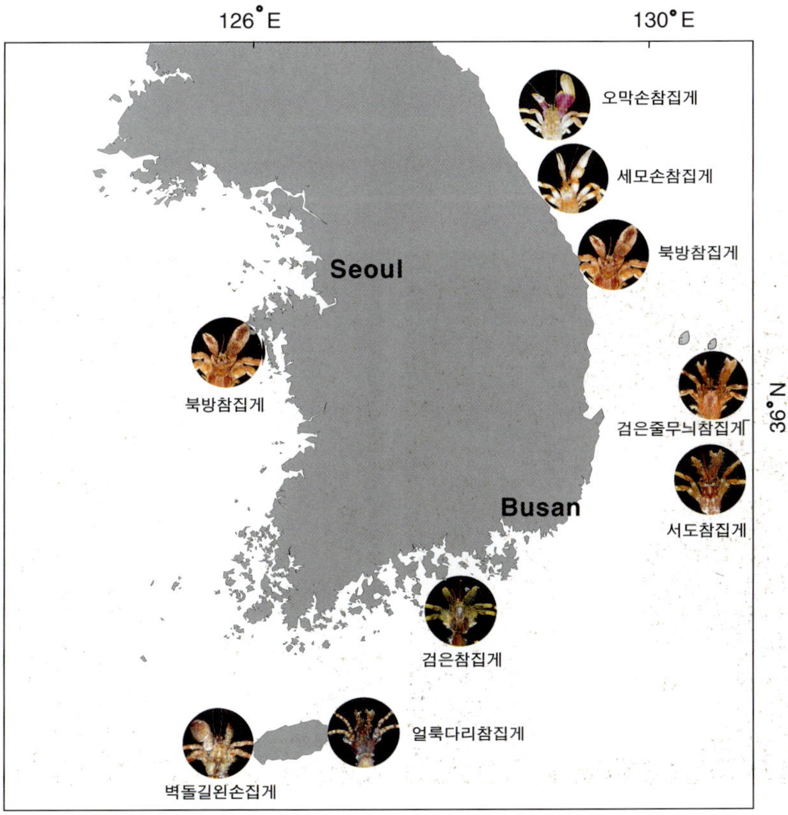

그림 3 우리나라 각 연안에서 출현하는 대표적인 집게류

암·수 구별 및 짝짓기

집게의 암 · 수 구별은 복부에 뚫린 생식공 (genital pore)의 위치로 구분할 수 있다. 암컷의 경우는 제 3 가슴다리의 바닥마디 (coxae)에 생식공이 위치해 있으며, 수컷의 경우에는 제 5 가슴다리의 바닥마디에 생식공이 열려 있다 (그림 4). 수컷의 생식공에는 종류에 따라 긴 생식관 (sexual tube)이 있는 경우도 있다.

그림 4 생식공의 위치가 서로 다른 집게 암 · 수의 배 쪽 모습

암컷의 경우에는 수컷의 정자를 보존하고 있는 수정주머니가 없기 때문에 수정은 배 쪽 표면에서 직접 이루어진다. 짝짓기 준비가 된 수컷은 암컷이 집 속에 있을 때는 짝짓기가 불가능하기 때문에 성적으로 성숙된 암컷이 탈피를 위하여 집 밖으로 나온 순간을 짝짓기의 기회로 이용한다. 따라서, 짝짓기 준비가 된 수컷은 잠정적으로 자신의 짝이 될 수 있다고 생각되는 암컷이 탈피하기만을 기다리면서 그 주변을 맴돌거나 또는, 자신에게 적당하다고 생각되는 암컷의 집 가장자리를 집게발로 잡고 며칠씩 암컷이 탈피할 때까지 데리고 다니는 경우도 있다 (그림 5).

이런 과정을 거쳐 수정이 된 암컷은 포란을 하게 되는데, 종 〔예; 긴눈집게류 (*Paguristes* sp.)〕에 따라서는 복부 부분에 집의 안쪽 부분과 난의 마찰로 인해 일어날 수 있는 물리적 훼손을 방지하기 위하여 보육낭 (brood pouch)을 가지는 종도 있다 (그림 6).

그림 5 집게 수컷이 암컷을 잡고 다니는 모습

그림 6 일부 집게류 암컷에서 나타나는 보육낭

생활사

집게류는 분류학적으로 절지동물문 (Phylum Arthropoda), 갑각강 (Class Crustcea), 십각목 (Order Decapoda)에 속하고 있으며, 같은 갑각강에 속하고 있는 새우류 및 게류에 비하여 그들의 은신처로서 고둥 껍질이라는 특이한 서식 환경에 적응하여 생활하고 있기 때문에 복부가 말랑말랑하게 변화되어 있다.

대부분의 집게류들은 그들의 생활사에서 첫 부유 유생단계인 조에아 (zoea) 단계를 거치게 되는데. 조에아 기에서는 2~4번의 탈피를 거친 후에 저서성 메갈로파 (megalopa) 단계로 넘어간다 (그림 7). 메갈로파 단계에서는 한 번의 탈피를 거쳐 어린 게의 형태로 넘어가는데, 이 시기에 그들은 서식하기에 적당한 빈 고둥을 찾아 들어가서 생활하게 된다. 종에 따라서는 착저[1]할 시기 (조에아 4기에서 메갈로파로 넘어가는 시기)에 서식하기에 적당한 고둥류를 찾지 못할 경우, 저서생활을 시작하는 메갈로파 단계로 넘어가지 않고 탈피[2]를 연기하기도 한다 (Harms, 1992; Harvey and Colasurdo, 1993).

1) 물 속을 떠다니는 부유 유생들이 일정 단계가 되어 바닥으로 내려앉는 현상.
2) 집게류와 같이 몸의 밖에 딱딱한 껍질을 가진 갑각류가 성장하기 위하여 현재의 껍질을 벗고 새로운 껍질을 갖게 되는 과정.

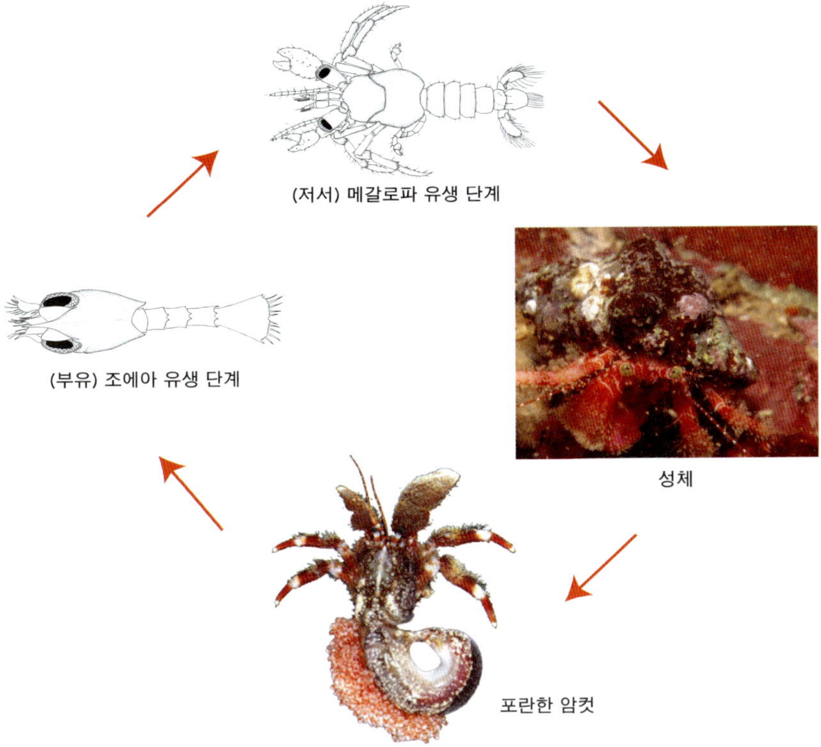

그림 7 집게의 생활사

::::: 초기 생활사

집게류는 그들의 초기 생활사에서 부유 유생기를 가지는데, 대부분 2기에서 4기의 조에아 유생기 (그림 8)를 가지며, 그 이후 1기의 저서성 메갈로파기 (그림 9)를 거친다. 조에아 유생기의 각 단계에서는 별다른 형태적 변화는 없으나, 부속지의 마디 수나 강모의 수가 바뀌게 되며, 꼬리마디에 내지 (endopod)가 발생한다. 유생단계의 각 부속지 (appendages)의 형태는 그림에 모식적으로 나타내었다 (그림 10). 조에아 유생기에서 저서성 메갈로파 기로 넘어가면서 형태 변화가 많이 일어나는데, 이 단계는 부유 유생단계에서 성체와 같은 저서생활로 들어

그림 8 집게의 조에아 단계

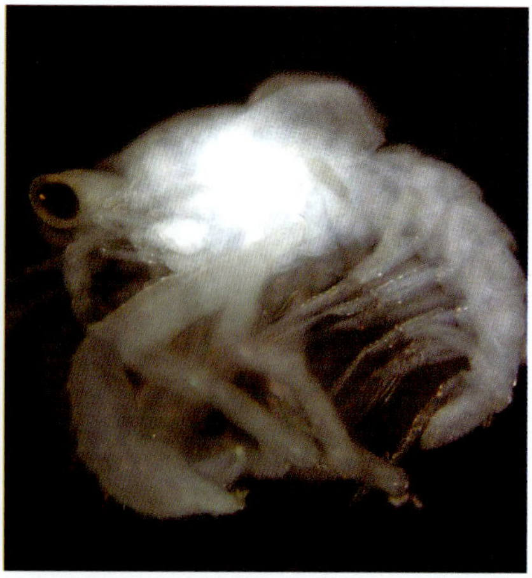

그림 9 집게의 메갈로파 단계

가는 단계이다 (그림 11).

메갈로파 기에서는 그들이 서식하기에 적당한 빈 고둥을 찾아서 안으로 들어가게 되며, 이후에 어린 집게로 변태 (metamorphosis)하면서 탈피하게 된다. 메갈로파 기에서 어린 집게로 탈피를 할 때는 메갈로파 기까지 복부의 바깥쪽을 덮고 있던 키틴질의 딱딱한 껍질은 없어진다. 대신에 그들이 서식처로 생활할 터전인 고둥 껍질에 들어가기 쉽게 복부가 꼬이면서 말랑말랑해지며, 꼬리 부분은 고둥의 빈껍질에서 쉽게 빠지지 않도록 갈고리 모양으로 바뀌게 된다. 어린 집게가 된 이후에는 탈피를 계속해도 형태 변화는 없이 크기만 점차 자란다.

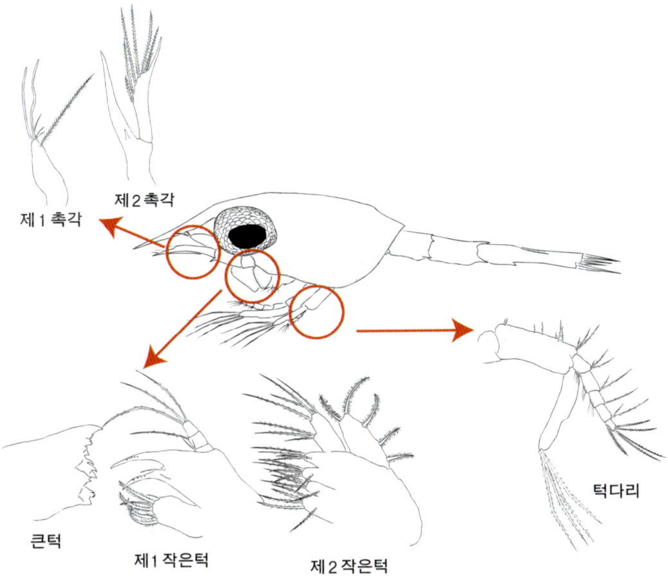

그림 10 집게 유생단계의 각 부속지 세부 형태 및 명칭

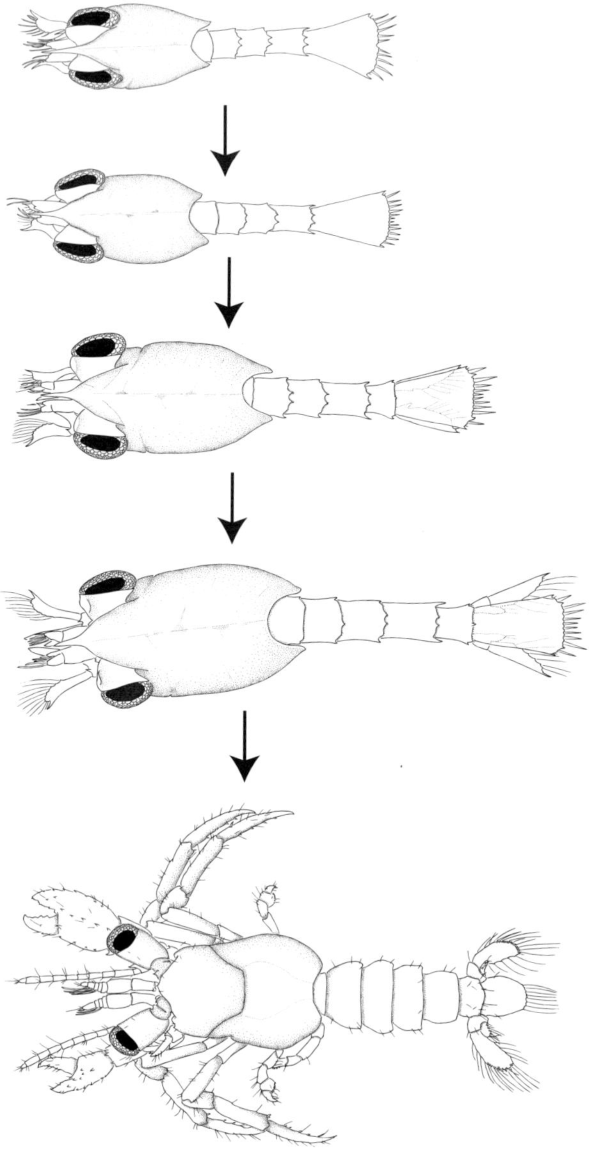

그림 11 붉은눈자루참집게 (*Pagurus japonicus*)의 유생단계

성장

집게의 수명은 종류에 따라 어느 정도 차이는 있지만 보통 1~4년 정도로 알려져 있으며, 수컷이 암컷보다 큰 경우가 많다. 유생기와 메갈로파 기를 지나고, 착저가 일어난 후에는 형태 변화는 없이 계속 탈피를 하면서 크기만 커진다. 집게가 어릴 때에는 자주 탈피를 하지만, 어느 정도 성장이 이루어지고 난 후에는 한 해에 2~3번 정도 탈피한다. 탈피를 할 때에는 복부 앞부분만 껍질을 벗는데, 복부부터 위쪽으로 사람이 옷을 벗듯이 껍질을 벗는다 (그림 12).

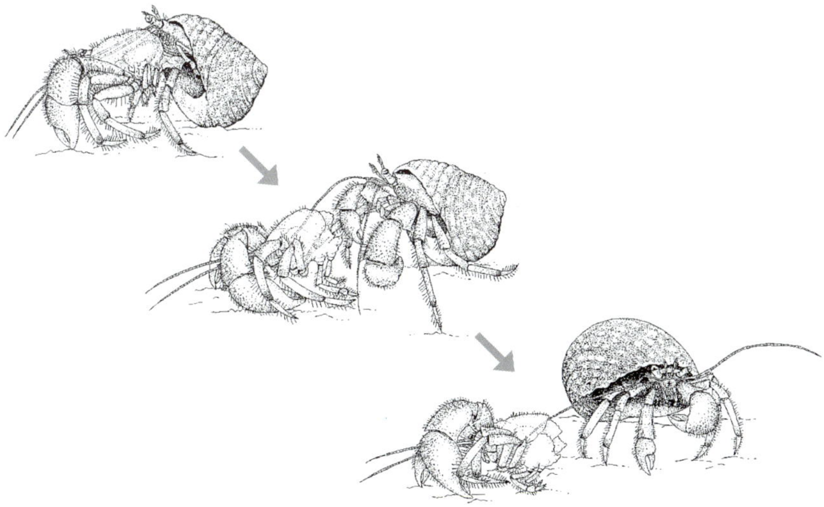

그림 12 집게가 탈피하는 모습

집게가 탈피를 하고 난 후의 탈피체는 살아있는 개체에서 마치 집게의 복부 앞부분만 떨어져 나간 것처럼 보인다 (그림 13).

그림 13 털보긴눈집게 (왼쪽 위)와 털보긴눈집게의 탈피체 (오른쪽 아래)

:::: 일반적인 모습과 주요 명칭

집게가 속하는 십각목 무리들은 몸이 머리, 가슴, 배의 3부분으로 이루어지며, 머리와 가슴은 융합하여 두흉부를 이룬다 (그림 14). 체절은 머리부분이 5개, 가슴부분이 8개, 배부분이 7개로 되어 있다.

두흉부를 한 장의 갑각 (두흉갑)이 덮고 있으며, 이것의 가운데 앞부분이 이마뿔을 이룬다. 가슴부분 부속지의 처음 3쌍은 구기 (mouthparts), 즉 입부분으로서 작용하는 턱다리 (악각, maxilliped)인데, 먹이를 입으로 잘 들어가게 하기 위하여 입을 감싸고 있는 형태를 띠고 있다. 나머지 5쌍 (10개, 십각목의 유래)은 가슴다리 (pereopod)를 이룬다. 집게류의 경우 제 1 가슴다리가 다른 것보다 크고 집게를 가지는 집게다리 (cheliped)이고, 제 2, 3 가슴다리는 고둥류를 짊어지고 쉽게 움직일 수 있도록 걷는다리 (ambulatory leg)로 진화하였으며, 나머지 제 4, 5 가슴다리는 고둥에서 쉽게 들어갔다 나갔다 할 수 있도록 받침대의 형태로 진화되어 있다. 큰 집게다리는 먹이를 먹거나 포식자나 적을 방어하는 데 사용되기도 한다. 원시적인 십각류들은 배부분이 잘 발달하고 5쌍의 배다리 (pleopod)가 유영지 (swimmeret)을 이루는 것이 기본이나, 집게류의 경우 고둥류 속에 들어가 살기 위하여 배부분이 줄어드는 방향으로 진화하였다. 배다리도 변형되어 집게류 암컷의 경우 포란했을 경우 난을 고정할 수 있는 기능으로 진화하였다 (그림 14).

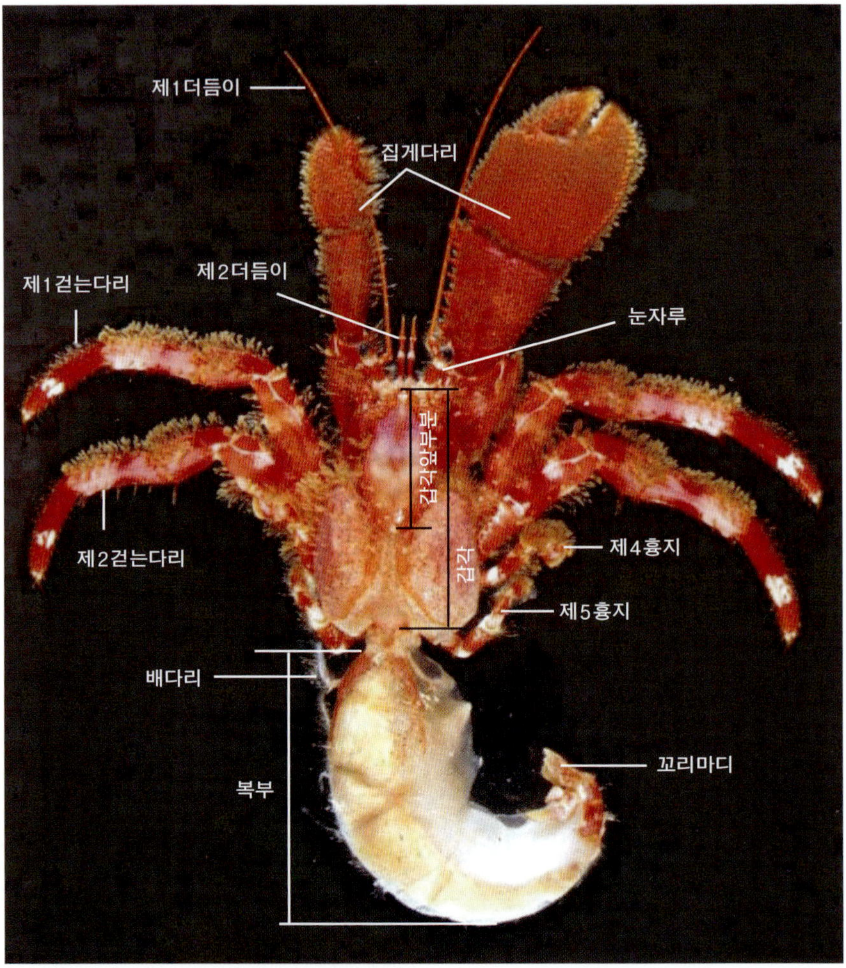

그림 14 집게류의 일반적인 모습과 주요 명칭

집게발

집게류의 전체적인 표본 사진에서 자세히 관찰이 되지 않는 주요 부위를 현미경하에서 살펴보면 다음과 같다.

집게발의 경우 가동지와 부동지가 있으며, 가동지만이 움직여서 물체를 잡는다. 집게마디 아래로 발목마디, 긴마디가 있다 (그림 15).

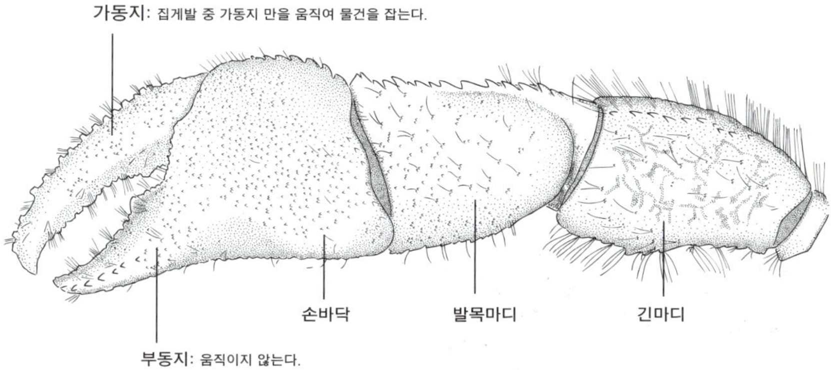

그림 15 집게의 일반적인 집게발 모양

입부분

입부분의 경우, 실제로 저작기관이 되는 큰턱 (mandible)을 두 개의 턱, 즉 제 1 작은턱 (maxillule)과 제 2 작은턱 (maxilla)이 감싸고 있다. 이것을 다시 3개의 턱다리 (maxilliped)가 감싸고 있어, 먹이를 먹는 동안 입주위로 들어온 먹이가 흘러나가지 않도록 하는 역할을 한다 (그림 16).

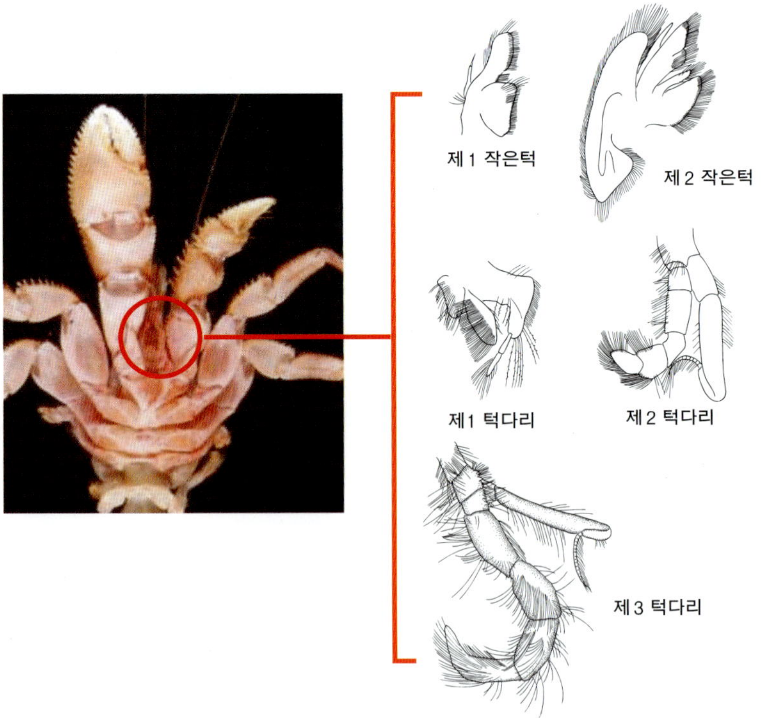

그림 16 집게 입부분의 형태

꼬리다리

꼬리다리의 경우 제 6 배마디가 변형되어 있는 모양인데, 말랑말랑한 배부분과는 달리, 단단하게 석회질화되어 있다. 꼬리마디에는 강한 안다리와 바깥다리가 있으며, 보통 왼쪽 꼬리다리가 오른쪽 꼬리다리보다 크다. 꼬리다리에는 그들이 은신처로 사용하고 있는 고둥류에 잘 부착될 수 있도록 갈고리 모양의 가시들이 많다. 꼬리다리의 아랫부분에는 끝 가장자리에 꼬리다리와 마찬가지로 강한 가시들이 많이 있는데, 종을 구분하는 분류 형질이 되기도 한다. 이것 또한 고둥류에 잘 부착할 수 있도록 진화한 형태이다 (그림 17).

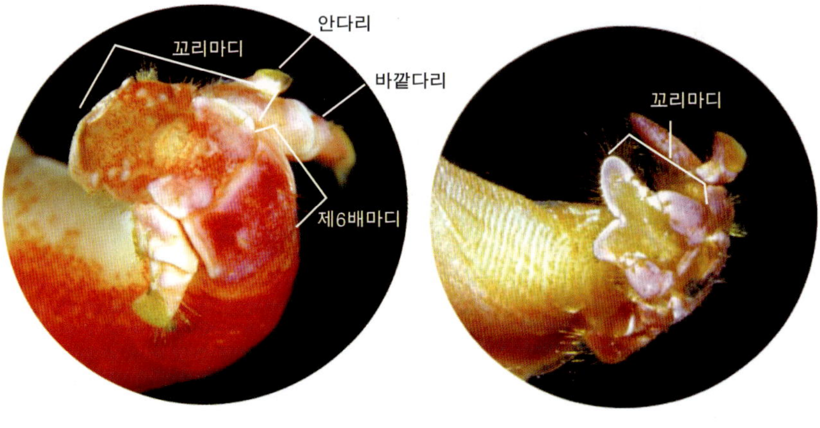

그림 17 꼬리부분의 세부 명칭

집게의 분류

현재까지 우리나라에서는 뿔조개집게과 (Family Pomatochelidae), 넓적왼손집게과 (Family Diogenidae), 참집게과 (Family Paguridae)의 3개과 (Family)에 속하는 집게류가 보고되고 있으며, 이들 3개과는 아래와 같은 몇 개의 속 (Genus)으로 다시 나뉘어진다.

집게의 분류

Family Pomatochelidae 뿔조개집게과
- Genus *Pomatocheles* 뿔조개집게속

Family Diogenidae 넓적왼손집게과
- Genus *Trizopagurus* 고리무늬집게속
- Genus *Diogenes* 넓적왼손집게속
- Genus *Paguristes* 긴손집게속
- Genus *Cribanarius* 가로가위집게속
- Genus *Dardanus* 왼손집게속

Family Paguridae 참집게과
- Genus *Pagurus* 참집게속
- Gunus *Elassochirus* 오목손참집게속
- Genus *Labidochirus* 작은배참집게속

위에서 언급한 9개의 속 (Genus) 중에서 우리나라에서 비교적 흔하게 발견되는 종은 넓적왼손집게속 (Genus *Diogenes*), 긴눈집게속 (Genus *Paguristes*), 왼손집게속 (Genus *Dardanus*), 참집게속 (Genus *Pagurus*)의 4개속이며, 외형상으로 이들 4개의 무리 (속)를 구분하는 방법은 다음과 같다.

넓적왼손집게속

이마뿔 (rostrum)이 잘 발달되어 있지 않고, 이마뿔 대신에 긴가시가 있다. 집게발의 경우 왼쪽 집게발이 오른쪽 집게발보다 훨씬 크며, 암 · 수 모두에서 복지가 쌍을 이루지 않는다 (그림 18).

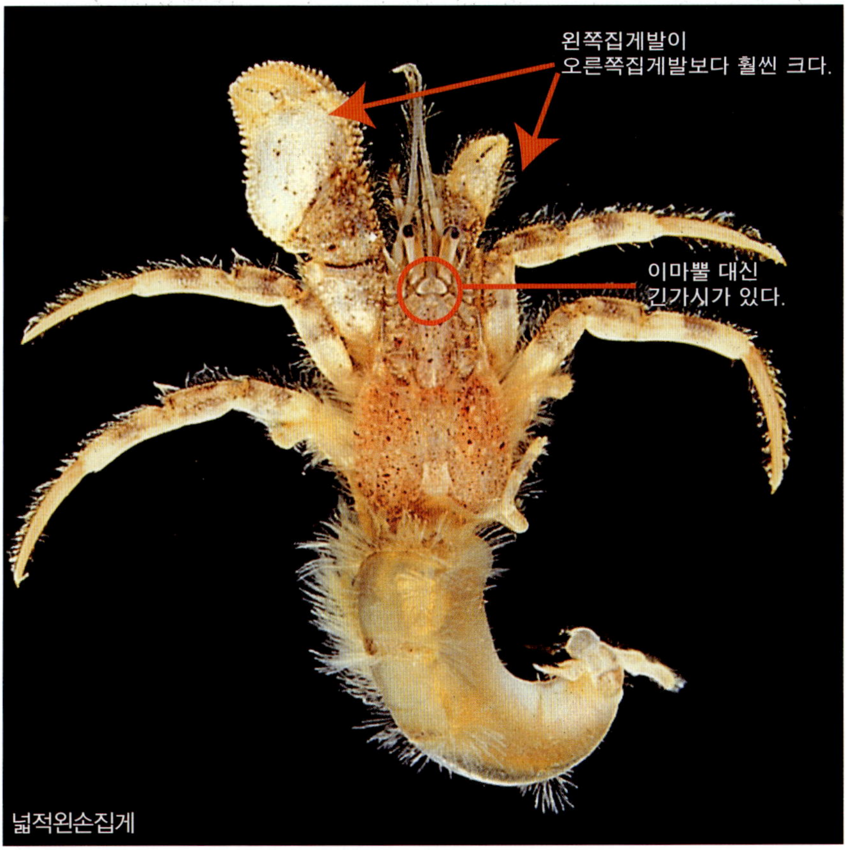

그림 18 넓적왼손집게속의 일반적인 모습

긴눈집게속

양집게다리가 같은 크기이거나 거의 같다. 수컷의 경우 2쌍의 복지가 있으며, 암컷의 경우 1쌍의 복지가 있다 (그림 19).

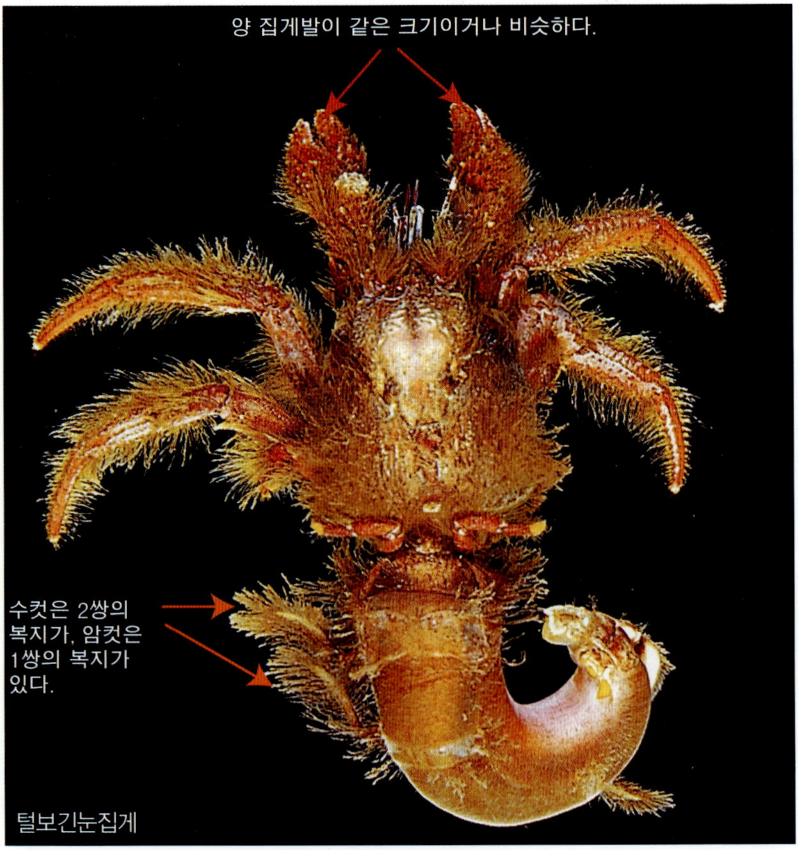

그림 19 긴눈집게속의 일반적인 모습

왼손집게속

왼쪽집게발이 오른쪽집게발보다 일반적으로 크다. 암 · 수 모두에서 복지가 쌍을 이루지 않고, 4개의 복지를 가진다. 복부의 2번째와 3번째 복지 사이에는 이차적인 성징 (secondary sexual character)으로, 판상의 형태가 생긴다 (그림 20).

그림 20 왼손집게속의 대표적인 모습

참집게속

오른쪽 집게발이 왼쪽 집게발보다 훨씬 크다. 암 · 수 모두에서 복지가 쌍을 이루지 않는다. 수컷의 경우 3~4개의 쌍을 이루지 않은 복지가 있으며, 암컷의 경우 일반적으로 4개의 쌍을 이루지 않은 복지가 있다 (그림 21).

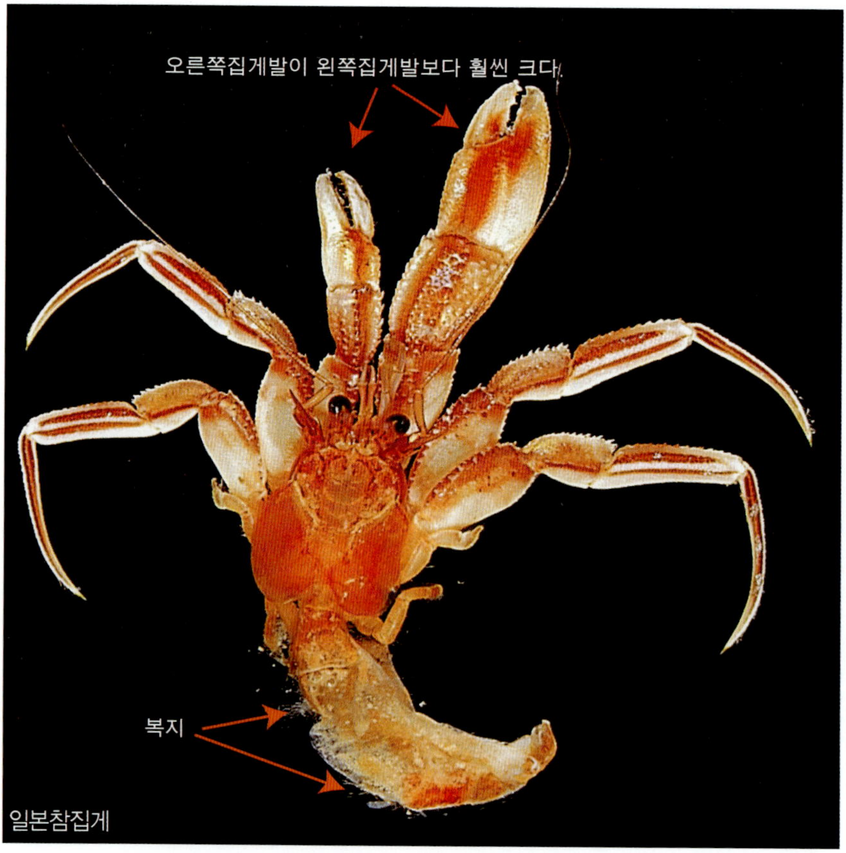

그림 21 참집게속의 일반적인 모습

은신처

집게의 삶에 절대적 중요성을 가지는 고둥의 빈 껍질은 사실 매우 한정된 자원이다. 각각의 집게들은 자신들이 성장함에 따라 다양한 크기의 빈 껍질이 필요하기 때문에 적정한 크기의 빈 껍질을 차지하기 위하여 치열한 경쟁이 일어난다(그림 22). 살아있는 고둥의 경우 몸이 성장하면 껍데기도 같이 성장하지만, 집게의 경우는 몸이 성장하더라도 자신들이 은신처로 사용하고 있는 고둥 껍질은 성장하지 않으므로 탈피를 통한 성장이 일어남에 따라 자신들의 몸에 알맞은 적당한 크기와 형태의 고둥 껍질로 옮겨간다 (그림 23).

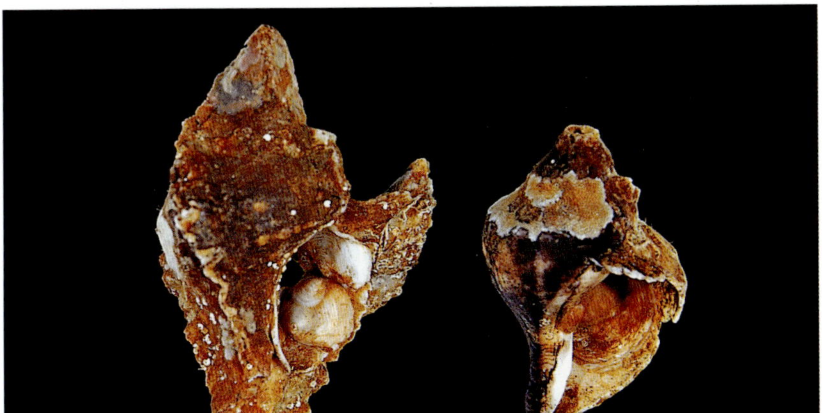

그림 22 집게가 집으로 사용하고 있는 여러 가지 고둥 껍질

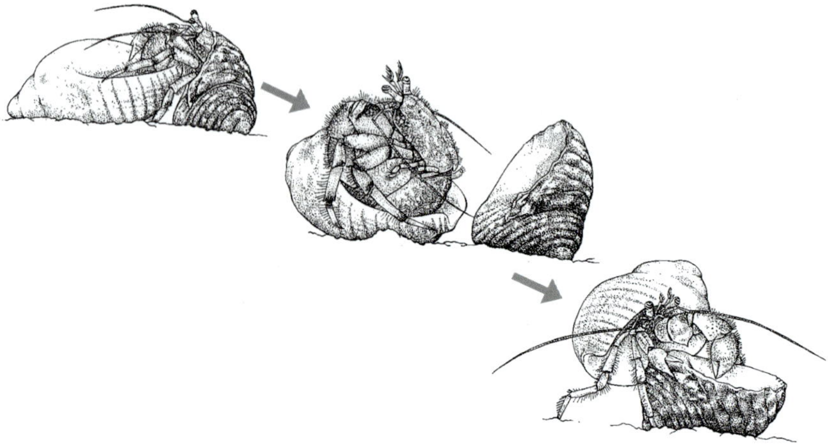

그림 23 집게의 집 바꾸기

물론 각 집게의 종류에 따라 자신의 체형에 꼭 맞는 형태의 고둥 껍질을 선호하는 경향이 강하지만 경우에 따라서는 자신이 선호하는 종류의 고둥 껍질이 아니더라도 일단 위험한 순간을 넘기기 위해서 주변에서 쉽게 구할 수 있는 빈 껍질을 이용하기도 한다. 경우에 따라서는 자신에게 적당한 빈 껍질이 없는 경우 성장을 위한 탈피과정을 지연시키기도 한다. 자신에게 알맞은 빈 껍질을 확보하기 위해서 적당한 크기와 종류의 껍질을 이미 집으로 사용하고 있는 다른 집게를 공격하여 빼앗는 경우도 있다 (그림 24).

그림 24 집게가 서로 공격하고 있는 모습

집 선택성

집게는 잡식성 육식자이지만 큰 육질덩이와 같은 먹이를 먹는 경우는 거의 없다. 따라서 자신의 집이 필요할 경우 살아있는 고둥류를 공격하여 포식한 후 빈 집을 자신의 집으로 이용하지는 않으며, 이미 사망하여 육질이 분해되거나 다른 사해식자들이나 포식자들에게 잡아먹힌 후 남겨진 고둥류의 빈 껍질을 자신의 집으로 이용하는 것으로 생각된다. 그러나, 간혹 자신보다 더 큰 고둥류를 공격하는 장면이 관찰되기도 하기 때문에 집게의 집 선택성에 대한 좀더 구체적인 정보가 필요한 것으로 생각된다.

자연 상태의 현장 및 실험실 사육실험 결과에 따르면, 집게들은 다른 육식성 포식자들에 의해 이미 구멍이 뚫려 있는 빈 고둥 껍질은 다른 이용 가능한 빈 고둥 껍질이 주변에 완전히 없는 상태가 아니고는 자신의 집으로 이용하지 않는다. 이미 고둥 껍질에 구멍이 뚫려 있다는 사실은 구멍이 뚫리지 않은 껍질보다 상대적으로 껍질의 구조나 모양이 약하다는 사실을 반영하는 것이기 때문에 자신을 보호하는 데 불리하다는 사실을 알고 있다는 것으로 해석되고 있다. 실제 거의 동일한 크기의 빈 껍질을 가지고 반은 드릴을 이용하여 고둥 껍질에 작은 구멍을 인위적으로 뚫고 나머지 반은 구멍을 뚫지 않고 그대로 둔 상태의 빈 고둥들을 집이 없는 상태의 집게들이 들어 있는 사육수조에 넣어 주면 100% 구멍이 뚫려 있지 않은 껍질을 자신들의 집으로 선택한다. 그러나, 집게의 몸 크기에 비해 크기가 약간 큰 구멍 뚫린 껍질과 크기가 약간 작은 구멍이 뚫리지 않은 껍질을 함께 넣어 주면 약 80%의 집게들은 구멍이 뚫려 있지만 크기가 큰 껍질을 집으로 선택하는 것으로 미루어 같은 크기에서는 구멍의 유무가 집 선택의 중요한 요인으로 작용하지만, 미래의 집이 될 껍질의 크기가 다를 경우 앞으로의 성장 등을 고려하여 집의 크기가 구멍의 유무보다는 강하게 작용하는 것으로 보여진다.

집게가 자신의 집으로 사용할 고둥의 빈 껍질은, 고둥이 죽고 난 후, 얼마만에 빈 고둥을 만나는가도 중요한 선택요인으로 작용한다. 고둥이 어떠한 이유로 죽고 난 후 최대한 짧은 기간 이내에 빈 고둥 껍질을 자신의 집으로 활용하지 않으면 집으로서의 활용이 불가능해지는 경우가 많다. 왜냐하면 고둥이 죽고 남겨진 빈 껍질의 안쪽은 약 1개월 정도의 시간이 흐르면 다양한 석회관갯지렁이들 〔보통 작은 흰 반점으로 보이는 경우가 흔하며, 이들은 주로 동그라미석회관갯지렁이류(*Dexiospira* spp.) (그림 25)인 경우가 많다.〕이 영구 부착성 집을 형성함으로써 집게가 빈 껍질 속으로 쉽게 드나드는 것을 방해하기 때문이다. 그러나,

그림 25 동그라미석회관갯지렁이류 (*Dexiospira* spp.)

이들 석회관갯지렁이가 집을 형성하기 전에 빨리 빈 껍질을 차지하면 갯지렁이 유생들이 그 곳에 부착하는 것을 집게가 방해하여 껍질의 안쪽을 매끄러운 상태로 유지하면서 빈 껍질을 자신의 집으로 활용하는 것이 가능하다.

공생관계

많은 수의 집게류들이 그들이 서식하고 있는 고둥의 빈 껍질 내 · 외부에 다른 생물들 (예; 말미잘, 석회관갯지렁이 등)과 공생관계에 있다 (그림 26). 종에 따라서는 고둥류뿐만 아니라, 그들의 집게발에도 말미잘을 달고 다니는 종들도 있다 (그림 27).

그림 26 집으로 이용하는 빈 고둥 껍질 외부에 말미잘 (*Calliactis polypus*)을 달고 다니는 털줄왼손집게 (*Dardanus arrosor*)

그림 27 집게발에 말미잘 (*Verrillactis paguri*)을 부착하고 다니는 넓적왼손집게 (*Diogenes edwardsii*)

그림에서와 같이 말미잘 등을 자신들의 몸의 일부분이나 고둥 껍질에 붙이고 다니는 종들은 말미잘과 공생작용을 하고 있다. 집게의 고둥 껍질에 말미잘이 붙어 있을 경우에는 다른 적들의 눈을 속일 수 있을 뿐만 아니라, 말미잘의 촉수에는 독이 있으므로 다른 포식자의 공격으로부터 자신을 보호할 수 있다. 실제로 말미잘을 붙이고 다니는 털줄왼손집게의 경우 말미잘을 붙이고 다니지 않는 털줄왼손집게보다 문어 등과 같은 포식자의 공격 횟수가 적다 (Ross and Sutton, 1968). 말미잘의 입장에서도 스스로는 이동성이 거의 없으므로 (말미잘 전체가 이동성이 없는 것은 아니다) 먹이를 찾을 기회가 적은데, 집게의 고둥에 붙어 있을 경우 활동성이 커져서 좀더 쉽게 움직이는 집게를 따라 새로운 장소로 이동이 가능하므로 먹이를 찾을 기회가 많아지게 된다. 따라서, 말미잘을 자신의 몸의 일부분이나 고둥 껍질에 달고 다니는 종의 경우에는, 탈피를 하거나 고둥 껍질을 바꾼 후에 말미잘도 옮기도록 하는 경향이 있다 (사실, 집게가 공생 말미잘의 의사를 종용하는지 아니면 곁에 있던 공생 말미잘이 자의적으로 알아서 새로운 껍질이나 집 (빈 고둥 껍질)으로 이사를 하는지는 정확히 알 수 없지만, 아마도 공생관계에 있는 집게와 말미잘이 서로 도와가면서 일어나는 협동과정으로 생각된다). 신기하게도 손으로는 고둥 껍질에 붙어 있는 말미잘을 떼기가 힘들지만, 집게가 새로운 집으로 말미잘을 옮길 경우에는 쉽게 말미잘이 떼어져서 옮겨진다 (그림 28).

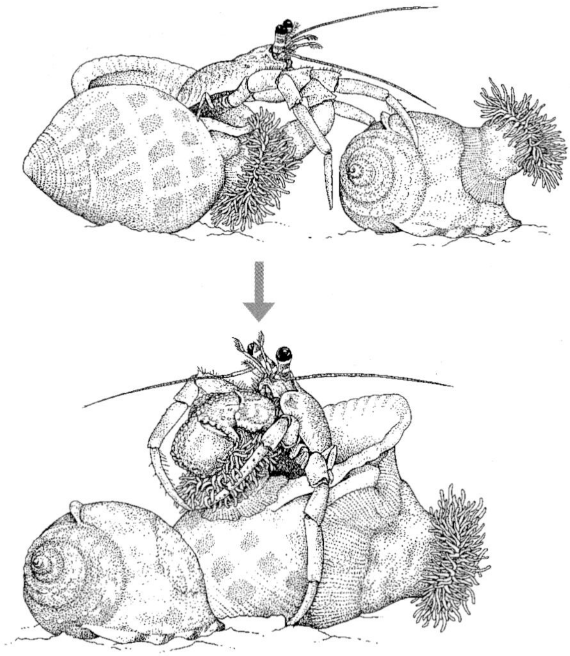

그림 28 집게가 집을 바꾼 후, 말미잘을 옮겨 붙이고 있는 모습

집게의 집

집게류 중에는 종종 해면 (그림 29), 말미잘 (그림 30) 혹은 히드라 (그림 31)를 집으로 하여 살아가는 종류도 있다. 그러나, 사실 이러한 해면이나 히드라로 만들어진 집도 그 근원은 빈 고둥 껍질에 있다. 집게의 집으로 이용되고 있는 해면이나 히드라를 가장자리에서부터 살살 뜯어보면 제일 마지막 부분에는 항상 크고 작은 고둥 껍질이 나타나며, 이를 시작점으로 하여 해면이나 히드라가 점차 성장해 간 것임을 알 수 있다. 그 한 예로 제집참집게 (*Parapagurodes*

그림 29 해면의 일종인 *Suberites domuncula* 속에 들어가 있는 빗참집게 (*Pagurus pectinatus*)

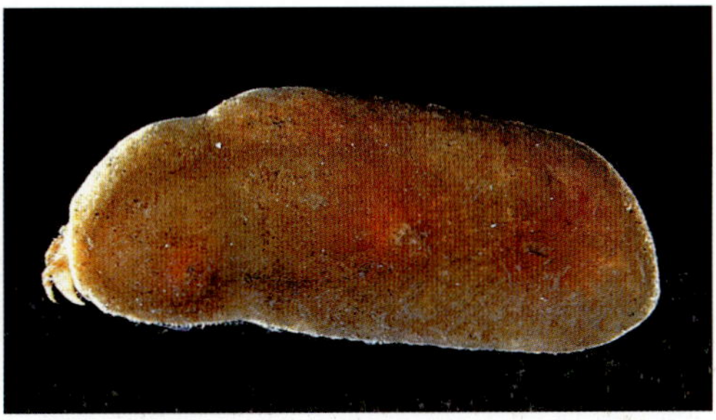

그림 30 말미잘류 '*Hormathia andersoni*'가 감싸고 있는 곧은배참집게 (*Pylopagurus serpulophilus*)의 집

그림 31 히드라충류의 일종인 *Hydrissa sodalis* 속에 들어가 있는 제집참집게 (*Parapagurodes constans*)

constans)의 경우, 다른 집게들과는 달리 일생 동안 집을 바꾸지 않고 처음 들어간 고둥 껍질에 붙은 히드라충류의 성장과 함께 자신의 몸이 성장하고 있는 것으로 잘 알려져 있다 (그림 31).

소형 집게류 중에는 입구의 크기가 5mm도 채 되지 않는 뿔조개류인 *Antalis weinkauffi*나 *Fissidentalium vernedei*의 빈 껍질을 자신의 집으로 이용하는 종류도 있다 〔예; 뿔조개집게 (*Pomatocheles jeffreysii*)〕 (그림 32). 이 경우 오랜 진화과정에서 이들 집게류의 집게발은 비상시 뿔조개류의 입구를 완전히 막을 수 있는 마치 입구의 뚜껑과 같은 멋진 구조로 변형되어 있다 (그림 33).

그림 32 뿔조개류인 *Antalis weinkauffi* 속에 들어가 있는 뿔조개집게 (*Pomatocheles jeffreysii*)

그림 33 뿔조개집게가 집게발로 뿔조개 입구를 막고 있는 모습

이외에도, 석회관갯지렁이의 관이나 돌 틈 등 고정되어 있는 은신처 속에서 서식하고 있는 종들도 있는데 〔예; 곧은배참집게 (*Pylopagurus serpulophilus*)〕, 이런 종류들은 자신이 서식하고 있는 뿔조개나 석회관갯지렁이의 속에 들어가기 적합하도록 복부의 형태가 곧게 뻗어 있다 (그림 34).

그림 34 뿔조개집게와 곧은배참집게의 복부의 형태 비교

::::: 먹이

집게의 경우 대부분이 잡식성 육식자로 알려져 있으나 (그림 35), 경우에 따라서는 부패한 먹이도 섭취하며, 플랑크톤과 같은 작은 먹이나, 부유물도 여과하여 먹는다. 플랑크톤이나 부유물을 주된 먹이로 하는 종들은 제 2 촉각의 더듬이 부분이 잘 발달되어 있어 먹이를 쉽게 감지하고 체와 같이 먹이를 거를 수도 있다 (그림 36).

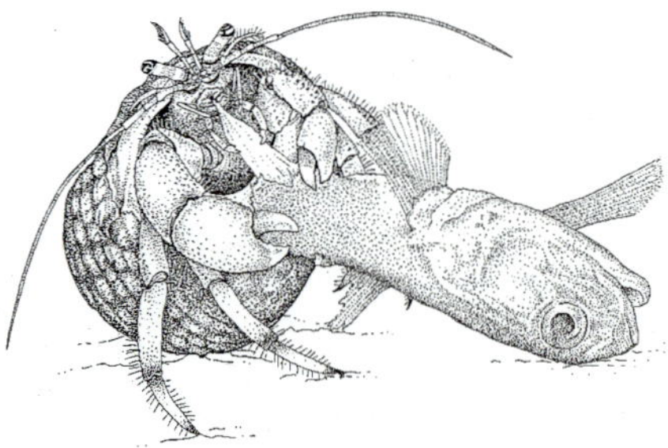

그림 35 집게가 작은 어류를 먹고 있는 모습

그림 36 긴왼손집게 (*Diogenes nitidimanus*)
의 잘 발달된 더듬이

이용

집게의 경우, 종에 따라서 대형종은 집게발만 따로 떼어서 식용 (주로 삶거나 젓갈 상태)으로 사용하기도 한다 〔예; 북방참집게(*Pagurus ochotensis*), 붉은얼룩참집게 (*Pagurus rubrior*) 및 붉은눈자루참집게 (*Pagurus japonicus*)〕 (그림 37).

그림 37 서해안에서 젓갈로 이용되고 있는 북방참집게 (*Pagurus ochotensis*)의 집게발

::::: 집게를 보호하기 위하여

바닷가에 흩어져 있는 빈 고둥 껍질들 (그림 38)은 조만간 주변의 다양한 집게들에 의해 집으로 이용될 가능성이 크다. 특히, 빈 고둥 껍질의 수가 한정적인 조수 웅덩이에서는 빈 고둥 껍질들이 그 곳에 살고 있는 집게들의 삶에 매우 중요한 역할을 한다 (그림 39). 따라서, 우리가 바닷가에 산책을 가거나 휴가를 갔을 때, 그 곳에 흩어져 있는 빈 고둥 껍질을 함부로 주워 오는 것은 집게들의 삶을

그림 38 바닷가 조수 웅덩이에 흩어져 있는 고둥 껍질들

직 · 간접적으로 위협하는 것으로 우리가 이사할 집을 갑자기 누군가가 빼앗아 버리는 것과 같은 경우이다.

그림 39 바다 속 청각 사이를 조심스럽게 기어다니는 집게

Pomatocheles jeffreysii (Miers, 1879)

뿔조개집게 (Tusk-shell hermit crab)

수심 90~300m의 펄바닥에 서식하며, 실제 사진의 표본은 수심 200m 정도의 거문도 주변 펄바닥에서 채집하였다. 난의 색은 선홍색이며 주로 뿔조개류(Scaphopoda)인 *Antalis weinkauffi*나 *Fissidentalium vernedei*의 빈 껍질에 들어가 서식하며, 몸통은 전체적으로 밝은 분홍색이다. 양 집게다리는 같은 모양과 크기이며 뿔조개 속에 들어갔을 때, 뿔조개 입구에 꽉 맞는 편평한 모양을 하고 있다. 갑각의 모양 역시 뿔조개 모양과 유사하게 둥글며 복부는 곧게 뻗어 있다. 꼬리마디의 두 엽은 홈으로 나뉘어져 있으며, 긴 털들로 덮여 있다. 기록에는 6~7월이 주포란 시기로 알려져 있으나 10월에도 포란한 개체가 채집된다. 전체 체장 길이는 15mm 정도이며, 갑각 앞부분 길이는 6mm 전후이다.

Dardanus arrosor (Herbst, 1796)

털줄왼손집게 (Striated hermit crab)

대한해협과 부산 인근 해역 및 제주도와 통영 연안의 수심 30~160m의 모래진흙바닥에 서식하며, 자망이나 문어통발에 의해 주로 채집된다. 서식하고 있는 대형의 고둥류에는 주로 대형 말미잘류인 *Calliactis polypus* 나, *Paracalliactis japonica*가 부착하여 공생하고 있는 경우가 흔하다. 왼쪽 집게다리가 오른쪽 집게다리보다 훨씬 크다. 집게다리와 걷는다리의 표면은 비늘 모양의 홈들로 덮여 있고, 이 비늘 모양 홈들 사이에 짧은 털이 촘촘히 나 있다. 체색은 전체적으로 붉은 벽돌색을 띠며, 눈자루에는 암적색 줄이 2줄 있으며, 양 집게다리와 걷는다리의 긴마디에는 붉은 띠가 있다. 포란기는 7~8월이며, 난의 색깔은 선명한 선홍색이다. 갑각 앞부분 길이는 25mm 정도이다.

Dardanus crassimanus (H. Milne Edwards, 1836)

벽돌길왼손집게 (Red-toe hermit crab)

제주도에서 출현하며, 수심 1~2m부터 180m 정도까지 서식하나, 주로 수심 10~30m 정도의 암반이나 자갈밭에 서식한다. 왼쪽 집게다리가 오른쪽 집게다리보다 훨씬 크며, 양 집게다리는 강한 가시들과 털다발들로 덮여 있다. 걷는다리에도 긴 털다발들로 덮여 있으며, 제 2 걷는다리가 제 1 걷는다리보다 약간 길다. 제 2 걷는다리의 마지막 두 개의 마디에는 안쪽으로 1줄의 홈이 있는데, 이 홈을 따라 아래 위로 일련의 벽돌 모양 돌기들이 줄지어 있다. 꼬리마디의 끝부분은 두 개의 엽 사이에 깊은 홈이 있다. 살아있을 때의 체색은 전체적으로 붉은빛이 도는 밝은 갈색이며, 걷는다리의 긴마디와 발목마디에는 체색보다 진한 적갈색의 넓은 띠가 있다. 몸 전체에는 밝은 점이 산재하고 있으며, 눈자루는 밝은 자주색이고, 갑각 앞부분 길이는 20mm 전후의 대형종이다. 주 포란 시기는 7월로 생각된다.

Dardanus impressus (De Haan, 1849)

두드러기왼손집게 (Warty-leg hermit crab)

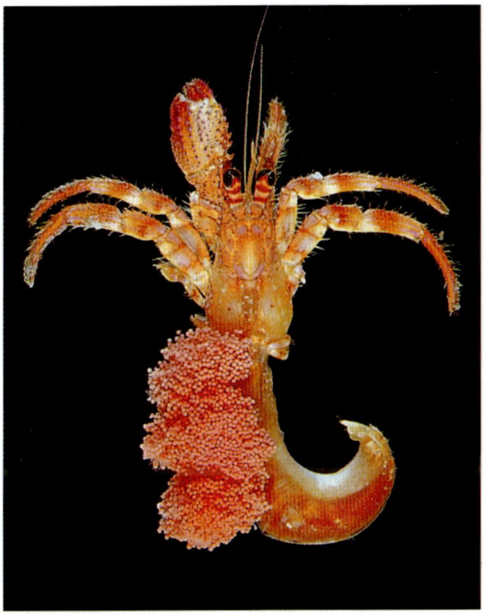

제주도 및 거문도 인근에서 출현하며, 주로 수심 20~80m 깊이의 모래바닥이나 암반에서 서식한다. 경우에 따라서 이들이 들어가 있는 고둥류는 말미잘류 (예; *Hormathia andersoni*)가 감싸고 있기도 하다. 왼쪽 집게다리가 오른쪽 집게다리보다 훨씬 크며, 부동지 바깥 면에는 일련의 강한 가시들이 줄지어 있다. 왼쪽집게의 바깥 면에는 털이 없으며, 걷는다리에는 털이 드문드문 나 있다. 꼬리마디의 두 엽의 끝부분은 3~4개의 작은 가시들이 있다. 갑각의 등 면은 갈색을 띠는 보라색이며, 집게다리와 걷는다리는 전체적으로 밝은 갈색이지만 가시와 과립들은 밝은 보라색을 띠기 때문에 얼핏 보아서는 전체적으로 밝은 보라색으로 보인다. 걷는다리의 발가락마디는 주홍색이며, 털은 금색을 띠며, 갑각 앞부분 길이는 15mm 정도이다. 주포란 시기는 7월로 알려져 있다.

Dardanus pedunculatus (Herbst, 1804)

굵은눈왼손집게 (Violet-chela hermit crab)

제주도에서 출현하며, 수심 10~300m 정도까지 서식하나, 수심 20m 전후의 모래바닥에서 주로 발견된다. 왼쪽 집게다리가 오른쪽 집게다리보다 훨씬 크고, 왼쪽집게는 털다발이 없이 매끈하며, 일련의 뭉툭한 가시들이 불규칙하게 배열되어 있다. 오른쪽 집게다리와 걷는다리에는 짧은 털들이 산재해 있다. 성체의 복부에는 복지 사이사이에 각질화된 판상의 형태가 존재한다. 꼬리마디의 끝부분은 두 개의 엽 사이에 좁은 홈이 있고, 끝 부분에 긴 강모가 있다. 살아있을 때의 체색은 전체적으로 밝은 적갈색을 띠며, 제 1, 2 촉각은 밝은 보라색이다. 눈자루는 암갈색 바탕에 흰색 띠가 가로로 줄지어 있다. 왼쪽집게는 붉은빛이 도는 보라색이고, 걷는다리는 적갈색이며, 갑각 앞부분 길이는 20mm 전후이다. 주포란 시기는 7월이다.

넓적왼손집게 (Edwards' hermit crab)

전 연안의 수심 20~90m의 모래바닥에 주로 서식하며, 작은 개체의 경우 수심 10m 미만에서도 서식한다. 왼쪽 집게다리가 오른쪽 집게다리보다 훨씬 크고 넓으며, 성숙된 개체에서는 왼쪽집게의 부동지 바깥 면에 말미잘류 '*Verrillactis paguri*' 가 부착하여 공생한다 (사진 왼쪽). 경우에 따라서는 본 종이 들어가 있는 고둥류의 껍질에도 말미잘류가 부착되어 있다. 왼쪽 집게의 부동지 아랫가장자리에는 2줄의 가시가 줄지어 있고, 윗가장자리로 갈수록 4줄의 가시가 줄지어 있으며, 바깥 면에는 털이 없다. 갑각과 집게다리는 연한 갈색을 띠고, 걷는다리에는 짙은 갈색의 줄무늬가 있으며, 갑각 앞부분 길이는 보통 9mm 정도이나 21mm 이상의 큰 개체도 채집된다. 주 포란 시기는 7~8월이며, 3기의 조에아 기와 1기의 메갈로파 기를 가진다.

Diogenes nitidimanus (Terao, 1913)

긴왼손집게 (Luster-hand hermit crab)

충남 삽시도, 부산 동암리, 제주도 외도 등 우리나라 제주도와 서남해에서 채집되며, 주로 모래해변에서 출현한다. 암수 이형으로, 수컷 (윗쪽 사진 왼쪽)의 왼쪽 집게다리는 매우 길고 크며 발목마디와 손은 길쭉하다. 수컷의 왼쪽 집게에는 2줄의 가시들이 있으며 털은 없다. 암컷 (윗쪽 사진 오른쪽)의 집게다리의

손은 수컷에 비해 둥그스름하며 털이 없고 연한 보라색을 띤다. 전체적으로 체색은 연한 갈색이며, 걷는다리에는 진한 갈색의 무늬가 드문드문 있으며, 갑각 앞부분 길이는 보통 5mm 전후의 소형종이다. 서해에서는 주로 '서해비단고둥' 속에서 서식하고 있으며, 나머지 지역에서는 '댕가리류' 에서 서식하고 있는 것이 관찰된다. 8월에 채집한 종에서 포란한 개체가 관찰되며, 3기의 조에아 기와 1기의 메갈로파 기를 가진다.

털손왼손집게 (신칭) (Soft-hairy hermit crab)

동해 남부 연안인 경남 고리에서 채집되며, 주로 수심 30~90m의 자갈밭에 서식한다. 그러나 타이완 연안에서는 모래바닥에 대량으로 서식한다고 한다. 왼쪽 집게다리가 오른쪽 집게다리보다 훨씬 크며, 왼쪽 집게다리의 손은 길고 연한 털들로 덮여 있으며, 특히 손바닥 바깥면의 털이 길며 촘촘히 나 있다. 꼬리마디의 두 엽은 중앙부의 홈으로 나뉘어져 있으며, 각 엽의 끝부분에는 4~6개의 가시가 있다. 체색은 전체적으로 연한 붉은 갈색을 띠며, 양 집게다리의 발목마디는 붉은색이다. 걷는다리에는 적갈색의 띠무늬가 여러 개 있으며, 갑각 앞부분 길이는 약 5mm 정도의 소형종이다.

Paguristes digitalis (Stimpson, 1858)

갈색털보긴눈집게 (신칭) (Golden-hairy hermit crab)

부산 미포와 경북 양포의 문어통발에서 채집되며, 수심 20~75m에 주로 서식한다. 양 집게다리의 크기는 거의 같거나 왼쪽 집게다리가 오른쪽 집게다리보다 약간 크다. 양 집게에는 강한 가시들이 줄지어 있으며, 집게의 끝부분은 검은색이다. 꼬리마디의 끝부분은 왼쪽 엽이 오른쪽 엽보다 크며, 가운데 좁은 홈이 있다. 꼬리마디의 끝부분은 여러 개의 가시들이 강하게 나 있으며, 털들로 덮여 있다. 눈자루와 제 1 촉각의 자루는 흰색 바탕에 짙은 갈색줄이 세로로 있으며, 더듬이 채찍 (flagella)은 투명하거나 연한 갈색을 띤다. 체색은 전체적으로 연한 붉은색을 띠며, 몸은 전체적으로 황금색의 털들로 덮여 있으며, 갑각 앞부분 길이는 6~10mm 정도이다. 6~7월에 포란한 개체가 채집되나, 기록에 따르면 겨울철에도 포란한 개체가 출현한다고 한다.

Paguristes japonicus (Miyake, 1961)

꼬마긴눈집게 (Brown-hairy hermit crab)

제주도와 부산 인근 해역에서 채집되며, 조간대에서 수심 120m의 모래진흙 바닥에 주로 서식한다. 양 집게다리의 크기는 거의 비슷하며 이마뿔은 삼각형으로 잘 발달되어 있으며, 앞부분이 뾰족하다. 양 집게다리의 크기는 거의 비슷하며, 집게다리의 부동지와 가동지는 강한 가시들과 털들로 덮여 있다. 꼬리마디의 두 엽은 비대칭으로 왼쪽 엽이 오른쪽 엽보다 훨씬 길며, 왼쪽 엽에는 10~13개의 크고 작은 가시들이 있고, 오른쪽 엽에는 아주 작은 크기의 가시들이 있거나 혹은 없다. 눈자루는 갈색빛이 도는 보라색이며, 갑각 및 집게다리, 걷는다리는 짙은 갈색을 띠고, 전체적으로 짙은 갈색의 털로 덮여 있으며, 갑각 앞부분 길이는 4~10mm 정도이다. 입구가 넓은 고둥을 선호하여 서식하며, 10월에 포란한 개체가 채집된다.

Paguristes ortmanni (Miyake, 1978)

털보긴눈집게 (Ortmann's hermit crab)

동해 및 대한해협, 서해 남부 연안에 분포하며 수심 10~15m의 암반이나 자갈밭에서 흔하게 서식하지만, 수심 210m에서도 채집된 기록이 있다. 양 집게다리의 크기는 거의 같거나, 왼쪽 집게가 오른쪽 집게보다 약간 크다. 손바닥에는 강한 가시가 흩어져 있으며, 집게의 끝부분은 검다. 꼬리마디의 두엽은 왼쪽 엽이 오른쪽 엽보다 약간 크고, 가운데 얕은 홈으로 나뉘어져 있다. 꼬리마디의 오른쪽 엽에는 4~8개의 강한 가시들과 긴 털들로 덮여 있으며, 왼쪽 엽에는 6~8개의 가시들과 털들로 덮여 있다. 갑각 앞부분은 미색에서 갈색을 띠며, 가운데 부분에 한 줄의 갈색 줄이 있다. 눈자루는 짙은 갈색 바탕에 흰색 세로줄이 있으며, 더듬이와 더듬이의 채찍에는 짙은 갈색 줄이 있다. 집게다리 및 걷는다리는 짙은 갈색이며, 짙은 갈색 털로 덮여 있고, 집게발과 걷는다리의 끝부분은 검은색이다. 갑각 앞부분 길이는 6~10mm 정도이며, 7~10월이 포란 시기이다.

Paguristes seminudus (Stimpson, 1858)

발가숭이긴눈집게 (Naked hermit crab)

제주도에서 출현하며, 수심 100m 정도에서 채집된다. 집게다리의 크기는 비슷하거나 보통 왼쪽 집게다리가 오른쪽 집게다리보다 약간 크다. 갑각 앞부분과 양 집게다리, 걷는다리에는 뚜렷한 털다발이 없다. 제 2 더듬이 자루 (antennular peduncle)는 눈자루 (eye stalk)와 길이가 거의 유사하며, 꼬리마디의 끝부분은 가시가 없다. 살아있을 때의 체색은 갑각 앞부분과 눈자루는 진한 적갈색이며, 양 집게다리와 걷는다리는 연한 적갈색이다. 양 집게다리의 긴마디에는 붉은색의 띠가 가로로 한 줄 있으며, 걷는다리에는 약간 진한 적갈색의 무늬들이 산재해 있다. 갑각 앞부분 길이는 보통 10mm 전후이며, 포란 시기는 알려져 있지 않다.

Paguristes versus (Komai, 2001)

민무늬긴눈집게 (Row-spine hermit crab)

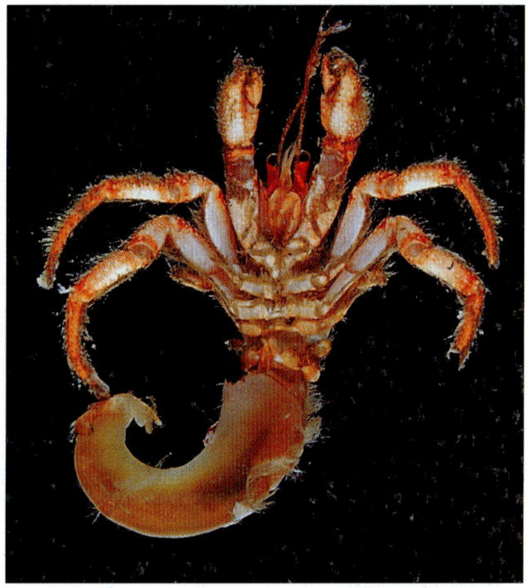

제주도에서 출현하며, 수심 110m 정도에서 채집된다. 이전까지는 *Paguristes kagoshimensis*로 알려져 있었다. 양 집게다리는 크기가 거의 비슷하거나 왼쪽 집게다리가 오른쪽 집게다리보다 약간 크다. 양 집게는 흰색의 불규칙한 가시들과 긴 털다발들이 있으며, 걷는다리에도 긴 털다발들이 산재해 있다. 꼬리마디의 각 엽은 크기에 있어서 약간 차이가 있으며, 두 엽 사이에는 깊은 홈이 있다. 꼬리마디의 끝부분은 둥근 역삼각형 모양이며, 별다른 가시는 없으며, 긴 털들로 덮여 있다. 살아있을 때의 체색은 전체적으로 적갈색이다. 눈자루의 등면은 적갈색 바탕에 흰색 줄이 있으며, 배면은 전체적으로 붉은색이다. 집게다리에는 흰색의 가시와 점들이 산재해 있으며, 걷는다리에는 연한 적갈색 바탕에 암적색의 띠가 있으며, 곳곳에 흰색 점들이 산재해 있다. 갑각 앞부분 길이는 7mm 전후이며, 1~4월에 포란 개체가 채집된다.

Elassochirus cavimanus (Miers, 1879)

오막손참집게 (Purple hermit crab)

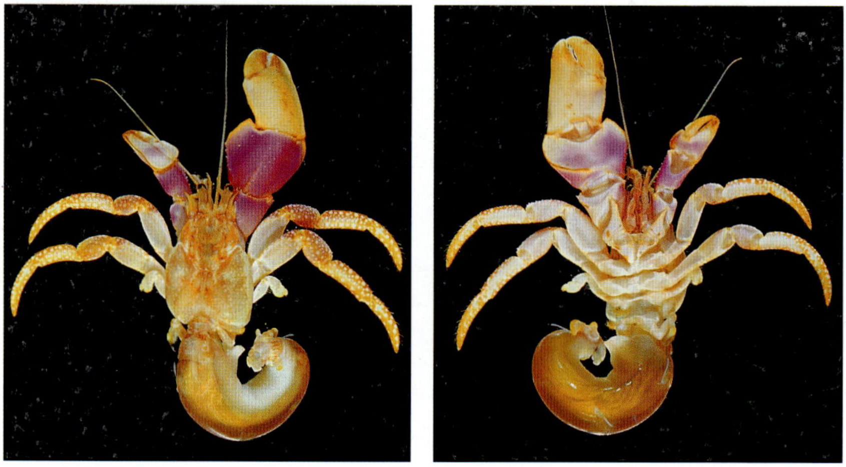

동해에서 출현하며, 수심 170~400m의 암반바닥 또는 그 가까이에 서식하는 한류성 종이다. 본 종은 우리나라에서는 *Elassochirus*속 중에서 유일하게 보고되어 있다. 오른쪽 집게다리가 왼쪽 집게다리에 비해 상당히 크며, 양 집게다리에는 털이 전혀 없이 매끈하다. 걷는다리의 각 마디는 납작하고 털이 거의 없다. 수컷의 경우는 3개의 복지가 있으며, 암컷의 경우 4개의 복지가 있다. 암컷의 경우, 오른쪽 집게다리의 발목마디는 매우 크며, 긴마디와 발목마디는 밝은 보라색을 띠고 안쪽으로 강하게 휘어져 있다. 수컷의 경우, 걷는다리는 붉은색을 띤 황토색이고 연한 무늬들이 산재해 있다. 갑각 앞부분 길이는 10~15mm 정도이다.

Pagurus angustus (Stimpson, 1858)

가는몸참집게 (Slim-body hermit crab)

제주도에서 채집된 기록이 있으며, 독도의 수심 10m 정도의 암반바닥에서도 서식하고 있다. 오른쪽 집게다리가 왼쪽 집게다리보다 훨씬 크며, 양 집게는 강한 가시들과 진한 황색의 털들도 덮여 있다. 걷는다리에도 역시 진한 황색의 털로 덮여 있다. 제 1, 2 촉각과 제 2 촉각의 채찍이 선명한 붉은색을 띠며, 전체적인 체색에 있어서 털다리참집게 (*Pagurus lanuginosus*)와 유사하나 '털다리참집게' 보다는 더욱 짙은 갈색이며, 집게다리와 걷는다리에는 밝은 푸른색의 점들이 흩어져 있다. 갑각을 비롯한 등면에는 밝은 갈색 바탕에 짙은 갈색 줄무늬가 줄지어 있다. 갑각 앞부분 길이는 10mm 정도이다.

Pagurus brachiomastus (Thallwitz, 1892)

털손참집게

강원도 주문진에서 채집이 가능하며, 주로 차가운 물에서 서식하고 있는 것으로 알려져 있다. 조간대 지역부터 수심 25m 정도의 모래 또는 암반 저질에서 주로 서식한다. 오른쪽 집게다리가 왼쪽 집게다리보다 크며, 오른쪽 집게다리의 긴마디 아랫면에는 한 쌍의 뭉툭한 가시가 있다. 양 집게는 일련의 가시들과 긴 털들로 덮여 있다. 꼬리마디의 끝부분은 두 개의 엽 각각에 5~7개의 강한 가시들이 있으며, 엽 사이의 홈은 거의 없거나 약하게 있다. 체색은 전체적으로 회색빛이 도는 갈색이고, 양 집게다리와 걷는다리의 끝부분은 붉은색이며, 갑각 앞부분 길이는 7mm 정도이다. 5월에 포란한 개체가 채집되며, 4기의 조에아 기와 1기의 메갈로파 기를 가진다.

Pagurus decimbrachiae (Komai and Osawa, 2001)

얼룩다리참집게 (신칭) (Ten-gill hermit crab)

제주도에서 채집되어졌으며, 조간대부터 수심 15m 전후에 주로 서식한다고 알려져 있다. 오른쪽 집게다리가 왼쪽 집게다리보다 약간 크며, 양 집게다리에는 작은 돌기 모양의 가시들이 불규칙적으로 곳곳에 있으며, 전체적으로 굵은 털다발들로 덮여 있다. 꼬리마디의 두 엽은 왼쪽 엽이 오른쪽 엽보다 약간 크며, 두 엽 사이에는 깊은 홈이 있다. 꼬리마디의 끝부분은 전체적으로 둥근 형태이지만, 2~6개의 명확한 가시들이 강하게 나 있다. 살아있을 때의 갑각 앞부분은 밝은 황갈색이며, 갈색 점들이 산재해 있다. 눈자루는 2~3줄의 암갈색 줄이 있으며, 양 집게다리에는 연갈색 바탕에 암갈색 줄들이 점점이 있다. 걷는다리에도 집게다리와 마찬가지로 연갈색 바탕에 암갈색 줄들이 점점이 있으며, 갑각 앞부분 길이가 2mm 정도 되는 소형종이다. 6월에 포란 개체가 채집된다.

Pagurus filholi (De Man, 1887)

참집게 (Green hermit crab)

동해, 대한해협 및 제주도 연안의 암반 조간대에서 가장 흔하게 발견되는 종으로, 이전까지 *Pagurus geminus*로 알려져 있었다. 오른쪽 집게가 왼쪽 집게보다 크며, 오른쪽 집게의 부동지 표면은 작은 과립들과 짧고 미세한 털들로 덮여 있다. 오른쪽 집게다리의 경우 어린 개체에서는 다소 짧고, 큰 개체에서는 그 길이가 증가하는 경향이 있다. 꼬리마디의 두 엽은 가운데 U자형의 홈으로 나뉘어져 있으며, 두 엽의 끝부분은 1~3개의 작은 가시들이 있다. 갑각과 집게다리, 걷는다리는 전체적으로 짙은 초록색을 띠며 집게다리의 손가락 끝부분은 흰색을 띠고 털이 거의 없다. 걷는다리의 끝부분은 흰색과 청색 또는 짙은 오렌지색을 띤 줄무늬가 번갈아 있으며, 갑각 앞부분 길이는 5mm 정도의 소형종이다. 포란기는 2~6월로 알려져 있으나, 8~10월에도 포란한 개체가 출현한다.

붉은눈자루참집게 (Japanese hermit crab)

제주도를 비롯한 대한해협과 동해 남부 및 서해 남부 해역 수심 10~300m의 자갈밭에 서식한다. 오른쪽 집게다리는 왼쪽 집게다리보다 훨씬 크며, 오른쪽 집게다리 부동지 중앙에는 한 줄의 가시들이 세로로 줄지어 있으며 전체적으로 연한 갈색의 털이 촘촘히 덮여 있다. 걷는다리는 오른쪽 집게다리보다 짧으며, 긴 털들로 덮여 있다. 꼬리마디의 두 엽은 가운데 홈에 의해 거의 분리되지 않으며, 끝부분은 거의 직선에 가깝고, 여러 개의 다양한 크기의 작은 가시들이 있다. 체색은 전체적으로 붉은색이며, 눈자루는 흰색 바탕에 붉은 줄이 가로로 줄지어 있으며, 갑각 앞부분 길이는 10mm 정도이다. 7~8월에 포란한 개체가 채집되며, 4기의 조에아 기와 1기의 메갈로파 기를 가진다.

Pagurus lanuginosus (De Haan, 1849)

털다리참집게 (Hairy-leg hermit crab)

제주도를 비롯한 대한해협과 동해 및 서해의 조간대부터 조하대의 암반바닥 또는 돌 밑에서 흔히 채집된다. 오른쪽 집게다리는 왼쪽 집게다리보다 훨씬 크며, 오른쪽 집게는 전체적으로 강한 가시가 있으며, 부동지의 표면은 편평하다. 오른쪽 집게 가동지의 자르는 면에 3~4개의 커다란 이 (teeth)를 가지고 있다. 양 집게다리와 걷는다리에는 전체적으로 황금색을 띤 긴 털로 덮여 있다. 꼬리마디의 두 엽은 얕은 홈으로 나눠지며, 각 엽은 전체적으로 둥근 형태이며, 끝부분에 몇 개의 작은 가시가 있다. 몸 전체는 짙은 초록색을 띠며, 제 1 더듬이와 제 2 더듬이 및 더듬이채찍은 선명한 붉은색으로 다른 종들과는 쉽게 구별된다. 양 집게다리와 걷는다리에는 검은 점들이 흩어져 있으며, 갑각 앞부분 길이는 7mm 정도이다. 주 포란 시기는 11~3월이며, 4기의 유생기와 1기의 메갈로파 기를 가진다.

Pagurus maculosus (Komai and Imafuku, 1996)

흰점털다리참집게(신칭) (White spot hairy-leg hermit crab)

우리나라에서는 본 종의 분포가 알려져 있지 않으나, 털다리참집게 (*P. lanuginosus*)와 중복되어 서식하고 있는 것으로 생각된다. 이전에는 털다리참집게와 같은 종으로 분류되어져 왔다. 전체적으로 본 종은 형태면에서 털다리참집게와 아주 유사하나, 오른쪽 집게 가동지의 자르는 면에 2개의 커다란 이(teeth)를 가지고 있는 것으로 털다리참집게과 구분된다. 반면, 털다리참집게의 경우는 오른쪽 집게 가동지의 자르는 면에 3~4개의 커다란 이를 가지고 있다. 몸의 체색 또한 전체적으로 털다리참집게와 유사하나 털다리참집게의 집게다리와 걷는다리에 검은 점이 산재해 있는 것에 비하여, 본 종은 집게다리와 걷는다리에 밝은 푸른색 혹은 밝은 보라색 점이 산재해 있다. 갑각 앞부분 길이는 7mm 전후이다.

Pagurus middendorffii (Brandt, 1851)

긴다리참집게 (Long-leg hermit crab)

동해의 주문진 이북에서 주로 분포하나, 제주도에서도 채집된 바 있다. 본 종은 한류성 집게로 하조선 근처의 암반에서 흔히 발견된다. 오른쪽 집게다리는 왼쪽 집게다리보다 훨씬 크며, 오른쪽 집게는 얼핏 보기에는 매끈해 보이나 작은 과립들이 나 있다. 왼쪽 집게다리는 매우 작아서 오른쪽 집게다리의 발목마디의 앞 끝에 닿을 정도이다. 양 집게다리에는 별다른 털다발이 없으며, 걷는다리에는 짧은 털다발이 산재해 있다. 체색은 전체적으로 밝은 초록색이며, 오른쪽 집게의 끝부분은 흰색인 경우가 많다. 갑각 앞부분 길이는 5mm 전후의 소형종이다.

긴발가락참집게 (Long-toe hermit crab)

제주도를 비롯한 대한해협과 동해 및 서해의 모래진흙바닥 조간대에서 가장 흔하게 볼 수 있으며, 수온이 내려가면 수심이 깊은 곳으로 이동하는 경향이 있다. 이전까지 *Pagurus dubius*로 알려져 왔다. 오른쪽 집게다리는 왼쪽 집게다리보다 훨씬 크고 길며, 부동지 윗면에는 털이 없고 작은 과립들이 촘촘히 있다. 꼬리마디의 두 엽은 가운데 홈으로 나눠지며, 각 엽의 끝부분에는 2~4개의 가시가 각각 있다. 체색은 전체적으로 짙은 갈색이며, 일반적으로 오른쪽 집게다리의 부동지 중앙이 위로 솟아 있으며 밝은 분홍빛을 띠는 하나의 줄이 있다. 걷는다리에는 짙은 갈색과 밝은 갈색의 무늬가 불규칙하게 있으며, 갑각 앞부분 길이는 5mm 정도의 소형종이다. 포란기는 10월~3월로 알려져 있으나, 8월에도 포란한 개체가 채집되며, 4기의 조에아 기와 1기의 메갈로파 기를 거친다.

Pagurus nigrofascia (Komai, 1996)

검은참집게 (Black hermit crab)

우리나라 남해 및 서해의 조간대부터 조하대의 암반 또는 돌 밑에서 흔히 채집된다. 본 종은 형태적으로는 참집게 (*Pagurus filholi*)와 유사하며, 체색 면에서는 털다리참집게 (*Pagurus lanuginosus*)와 유사하여, 최근까지 위 두 종과 혼돈되어 동정되어져 왔다. 오른쪽 집게다리는 왼쪽 집게다리보다 크며, 양 집게는 불규칙한 일련의 가시들과 털다발로 덮여 있다. 걷는다리에도 일련의 가시들과 털다발로 덮여 있다. 꼬리마디의 두 엽은 얕은 홈으로 갈라져 있으며, 각 엽은 전체적으로 둥근 형태를 띠며, 각 엽의 끝부분에는 9~15개의 작은 가시들이 있다. 체색은 전체적으로 회색빛이 도는 초록색이며, 제 2 더듬이의 채찍은 오렌지색이다. 양 집게와 걷는다리의 끝부분은 오렌지색이며, 양 집게를 제외하고는 전체적으로 검은 점들이 산재해 있다. 걷는다리의 앞마디 끝부분에는 검은 줄이 링 모양을 이루고 있으며, 갑각 앞부분 길이는 5mm 정도의 소형종이다. 1월에 포란 개체가 채집된다.

Pagurus nigrivittatus (Komai, 2003)

검은줄무늬참집게 (Black-striped hermit crab)

독도 인근 해역의 조간대부터 수심 5~10m에서 출현하며, 해조류가 나 있는 저질이 암반인 곳에 주로 서식한다. 오른쪽 집게다리가 왼쪽 집게다리보다 크며, 오른쪽 집게다리의 부동지에는 일련의 가시들이 줄지어 있다. 꼬리마디의 두 엽은 가운데 깊은 홈으로 나눠지며, 각 엽은 바깥쪽으로 많이 휘어져 있으며, 각 엽에는 4~5개의 강한 가시들과 몇 개의 작은 가시들이 나 있다. 양 집게다리는 암갈색이며, 집게 끝부분은 흰색을 띤다. 걷는다리에 검은색 줄무늬가 있으며, 긴 털이 나 있고, 더듬이의 끝부분이 붉은색을 띤다. 얼핏 보면은 줄무늬참집게 (*P. pilosipes*)와 유사하나, 줄무늬참집게에 비해 전체적인 체색이 검은색을 띤다. 갑각 앞부분 길이는 3mm 정도의 소형종이다.

Pagurus ochotensis (Brandt, 1851)

북방참집게 (Alaskan hermit crab)

동해 및 서해에서 출현하며, 수심 1~250m의 암반 저질에 서식하는 대형종이다. 집게다리와 걷는다리는 강하고, 억세게 생겼으며, 육안으로 보았을 때는 털이 없다. 오른쪽 집게다리가 왼쪽 집게다리보다 훨씬 크며, 양 집게다리의 부동지는 강한 가시들로 덮여 있다. 체색은 전체적으로 짙은 갈색을 띠며, 집게다리와 걷는다리의 등쪽면에는 자주빛을 띤 갈색 무늬가 있다. 최대 갑각 앞부분 길이는 25mm 정도이다. 북방 기원종으로 11월에 포란한 개체가 채집되며, 4기의 조에아 기와 1기의 메갈로파 기를 거친다. 서해안 인근 지역에서는 집게다리만을 떼어서 식용으로 이용한다.

pagurus pectinatus (Stimpson, 1858)

빗참집게 (Comb hermit crab)

우리나라 전 연안에서 출현하며, 조간대에서부터 수심 10m 정도의 해조류가 나 있는 바위 틈이나 암반 저질에 주로 서식하며, 수심 220m 정도에서도 채집된 적이 있다. 오른쪽 집게다리가 왼쪽 집게다리보다 크며, 양 집게다리에는 뾰족한 가시와 털로 덮여 있다. 걷는다리는 대체로 길며, 털과 가시로 덮여 있다. 대부분의 큰 개체들은 해면의 일종인 *Suberites domuncula* 속에 들어가 있고 간혹 작은 개체는 고둥류의 껍데기에 들어 있는 것도 있다. 체색은 전체적으로 밝은 갈색이며, 걷는다리에는 적갈색의 띠가 있으며, 갑각 앞부분 길이는 15mm 정도이다. 한류성 종으로 포란기는 1~2월이며, 4기의 조에아 기와 1기의 메갈로파 기를 거친다.

Pagurus proximus (Komai, 2000)

검은털손참집게 (Gray hermit crab)

동해 및 서해 남부 해역에서 출현하며, 수심 20~100m의 모래 또는 암반 저질에서 주로 서식한다고 알려져 있으나, 수심 10m 미만에서도 채집된다. 이전에는 털손참집게 (*P. brachiomastus*)에 포함되었으나, 최근에 새롭게 분류되었다 (Komai, 2000). 오른쪽 집게다리가 왼쪽 집게다리보다 크며, 오른쪽 집게다리의 긴마디 아랫면에는 한 쌍의 뭉툭한 가시가 있다. 양 집게는 일련의 가시들과 긴 털들로 덮여 있다. 꼬리마디의 끝부분은 두 개의 엽 각각에 3~4개 강한 가시들이 있고, 2~3개의 작은 가시들이 있으며, 엽 사이의 홈은 깊다. 체색은 전체적으로 갈색 빛이 도는 회색이며, 양 집게다리의 집게 끝부분이 밝은 노란색이고, 걷는다리에는 짙은 갈색 띠가 있다. 갑각 앞부분 길이는 7mm 정도이다.

Pagurus rubrior (Komai, 2003)

붉은얼룩참집게 (Scarlet hermit crab)

동해 남부 및 대한해협과 제주도 해역에서 출현하며, 수심 10~100m의 모래진 흙이나 모래바닥 혹은 암반지대에 서식한다. 오른쪽 집게다리가 왼쪽 집게다리보다 훨씬 크며, 오른쪽 집게다리의 부동지는 작은 과립들로 덮여 있으며, 과립들 사이사이에 짧고 연한 털이 많이 나 있다. 부동지의 등면에는 1줄의 가시들이 세로로 나 있다. 전에는 얼룩참집게 (*P. similis*)에 포함되었으나, 최근에 새롭게 분류되었다. 전체적인 체색이 '얼룩참집게' 에 비해 훨씬 짙은 붉은색이며, 눈자루에는 흰색 바탕에 붉은 띠무늬가 있다. 갑각 앞부분과 걷는다리에도 진한 적자색 무늬가 있으며, 갑각 앞부분 길이는 20mm 정도이다. 포란기는 7~8월이며, 4기의 조에아 기와 1기의 메갈로파 기를 거친다. 지역에 따라 집게다리를 떼어내어 식용으로 이용한다.

Pagurus similis (Ortmann, 1892)

얼룩참집게 (Pale-red hermit crab)

동해 남부 해역인 부산 미포와 경남 고리 및 서해 남부 해역인 함평만에서 출현하며, 수심 30~100m 정도의 암반 또는 모래바닥에 주로 서식한다. 오른쪽 집게다리가 왼쪽 집게다리보다 훨씬 크며, 오른쪽 집게다리의 부동지는 작은 과립들로 덮여 있으며, 과립들 사이사이에 짧고 연한 털이 많이 나 있다. 부동지의 등면에는 1줄의 가시들이 세로로 나 있다. 얼핏 보면 붉은얼룩참집게 (*P. rubrior*)와 비슷하나 제 2 걷는다리 발가락마디가 붉은얼룩참집게보다 가늘고 길다. 체색은 짙은 붉은색의 붉은얼룩참집게에 비해 밝은 오렌지색이며, 눈자루에도 흰색 바탕에 오렌지색 띠가 있다. 주로 입구가 넓은 고둥류를 많이 이용하며, 갑각 앞부분 길이는 20mm 정도이다.

Pagurus simulans (Komai, 2000)

갈색털손참집게 (Dark-brawn-banded hermit crab)

동해 및 서해 남부 해역에서 출현하며, 수심 20~100m의 모래 또는 암반바닥에서 주로 서식한다. 이전까지 털손참집게 (*P. brachiomastus*)에 포함되었으나, 최근에 새롭게 분류되었다 (Komai, 2000). 오른쪽 집게다리가 왼쪽 집게다리보다 크며, 집게다리와 걷는다리에 털이 많이 나 있다. 오른쪽 집게다리의 긴마디 아랫면에는 한 쌍의 뭉툭한 가시가 있다. 꼬리마디의 끝부분은 두 개의 엽 각각에 5~7개의 강한 가시들이 있으며, 엽 사이의 홈은 거의 없거나 약하게 있다. 체색은 전체적으로 밝은 갈색이며 양 집게다리의 집게 끝부분은 흰색이고, 걷는다리에는 몇 개의 짙은 갈색 띠가 보인다. 갑각 앞부분 길이는 7mm 정도이며, 7~8월에 포란한 개체가 나타난다.

Pagurus trigonocheirus (Stimpson, 1858)

세모손참집게 (Fuzzy hermit crab)

동해의 수심 90m보다 깊은 곳에 서식하며, 583m에서 채집된 기록도 있다. 갑각 앞부분과 집게다리 및 걷는다리의 껍질은 연해서 쉽게 부수어진다. 오른쪽 집게다리가 왼쪽 집게다리보다 크며, 오른쪽 집게다리는 연하고 짧은 털로 덮여 있고, 앞끝 가장자리에는 7~8개의 가시가 나 있다. 걷는다리는 매우 길어서 오른쪽 집게다리를 훨씬 지나며 곳곳에 털다발이 있다. 꼬리마디의 두 엽에는 각각 4개의 가시가 있다. 체색은 밝은 갈색을 띠며, 걷는다리에는 연한 적갈색 띠가 있다. 갑각 앞부분 길이는 20mm 정도이다. 한류성 종으로 알려져 있으나, 5월과 7월에도 포란 개체가 출현한다.

Parapagurodes constans (Stimpson, 1858)

제집참집게 (Hydra hermit crab)

동해, 대한해협, 통영, 제주도 해역 등지에서 채집되며, 수심 5~150m의 모래 진흙바닥이나 자갈밭에 서식한다. 이전에는 참집게속 (*Genus Pagurus*)에 포함되어 있었다. 히드라충류 *Hydrissa sodalis*와 공생하며 서식 고둥의 껍질에는 *Hydrissa sodalis*가 자란다. 본 종은 다른 종들과는 달리 평생 껍데기를 바꾸

지 않으며, 처음 들어갈 고둥에서 자란 히드라충류가 자라면서 관을 이루고, 그 속에서 살아간다. 간혹 해면류 속에서도 발견되기도 한다. 오른쪽 집게다리가 왼쪽 집게다리보다 훨씬 크며, 오른쪽 집게다리의 부동지에는 많은 가시들과 털로 덮여 있다. 걷는다리는 가늘고 짧으며 곳곳에 털다발이 있다. 체색은 전체적으로 옅은 오렌지색이며, 걷는다리에는 짙은 갈색 띠가 있다. 갑각 앞부분 길이는 10mm 전후이다. 포란기는 2~3월이며, 4기의 조에아 기와 1기의 메갈로파 기를 거친다.

납작손참집게 (Naked hermit crab)

동해 및 서해의 수심 30~60m의 모래바닥 혹은 자갈밭에 서식한다. 이전까지 참집게속 (*Genus Pagurus*)에 포함되었으나 최근에 새롭게 분류되었다. 오른쪽 집게다리는 왼쪽 집게다리에 비해 훨씬 크고 길지만 걷는다리보다는 짧다. 오른쪽 집게 부동지는 바깥쪽으로 일련의 낮은 가시들이 있으며, 전체적으로 편평하며 털다발이 없다. 오른쪽 집게다리의 발목마디에는 일련의 가시들이 세로로 줄지어 있으며, 양 집게다리와 걷는다리에는 털다발이 없다. 꼬리마디의 두 엽은 아주 작은 홈으로 분리되어 있으며, 두 엽의 끝부분은 거의 수평적으로 일직선이다. 꼬리마디의 끝부분에는 8~10개의 작은 가시와 2~3개의 강한 가시들이 있다. 체색은 밝은 갈색을 띠며, 오른쪽 집게에는 보는 각도에 따라 색이 변하는 일련의 두 개의 푸른색 띠가 있다. 걷는다리에는 연한 적갈색 띠가 있다. 포란기는 2~3월이며, 갑각 앞부분 길이는 7mm 정도이다.

Parapagurodes imaii (Yokoya, 1939)

서도참집게 (Imai's hermit crab)

우리나라 독도에서 발견되며, 수심 5~15m 정도의 해조류가 나 있는 암반 저질이나 자갈밭에 서식한다. 오른쪽 집게다리가 왼쪽 집게다리보다 크며, 오른쪽 집게다리 부동지에는 일련의 가시들이 불규칙하게 배열되어 있다. 전체적으로 갈색을 띠며, 눈자루는 특별한 줄무늬나 띠가 없는 연한 갈색이며, 걷는다리는 짙고 옅은 녹갈색의 불분명한 띠가 있다. 갑각의 등면에는 갈색 바탕에 흰 무늬가 있고, 제 1, 2 더듬이는 선명한 주홍색을 띤다. 갑각 앞부분 길이는 3mm 정도의 소형종이며, 4월에 포란한 개체가 나타난다.

일본참집게(신칭)

동해의 수심 30~300m 정도의 모래바닥 혹은 펄모래에 서식한다. 형태적으로 납작손참집게 (*Parapagurodes gracilipes*)와 매우 유사하나, 꼬리마디의 형태와 체색에 있어서 구분이 된다. 본 종의 경우 꼬리마디의 두 엽은 깊은 홈으로 나뉘어져 있으며, 두 엽의 끝부분은 8~9개의 강한 가시들이 있는데, 바깥쪽으로 갈수록 가시의 크기가 커진다. 체색은 전체적으로 밝은 갈색이며, 오른쪽 집게다리의 부동지는 일반적으로 갈색이지만, 양 옆으로 갈수록 색이 연해지며, 납작손참집게와는 달리 보는 각도에 색이 변하는 푸른빛의 줄이 없다. 걷는다리의 앞마디와 발가락마디에는 진한 갈색줄이 미색 바탕에 줄지어 있으며, 갑각 앞부분 길이는 7mm 정도이다. 3~8월에 포란한 개체가 채집된다.

Pylopagurus serpulophilus (Miyake, 1978)

곧은배참집게(신칭) (Strait-body hermit crab)

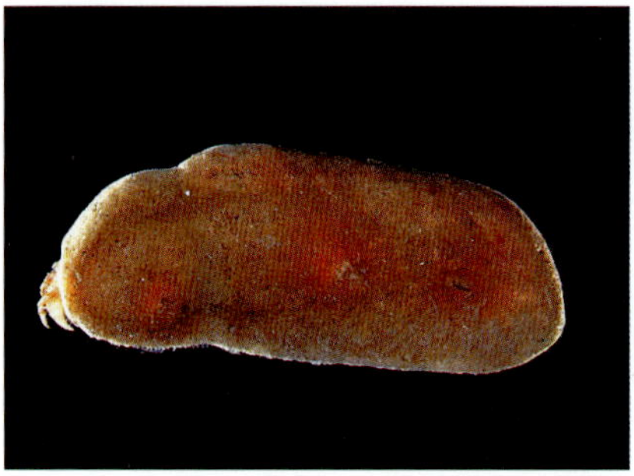 

제주도 수심 120m 전후에서 채집되었으며, 주로 수심 10~400m까지 분포한다고 알려져 있으며, 주로 해면이나 갯지렁이의 서관에 들어가서 서식하고 있다. 오른쪽 집게다리가 왼쪽 집게다리보다 훨씬 크며, 오른쪽 집게다리의 부동지에는 가시 형태의 돌기들로 덮여 있으며, 중앙부에는 8개의 강한 가시들이 줄지어 있다. 양 집게다리와 걷는다리에는 곳곳에 털다발들이 있다. 복부는 부드럽고 곧게 뻗어 있으며, 꼬리마디의 두 엽은 얕은 홈으로 나뉘어져 있으며 각 엽의 크기는 같다. 각 엽의 끝부분은 3개의 가시들이 있다. 체색은 전체적으로 밝은 적갈색이며, 걷는다리에는 밝은 적갈색 바탕에 진한 적갈색 띠가 줄지어 있다. 갑각 앞부분 길이는 4mm 정도이며, 포란한 개체들은 5월, 7월, 10월에 채집이 가능하다.

참고문헌

Harms, J., 1992. Larval development and delayed metamorphosis in the hermit crab *Clibanarius erythropus* (Latreille)(Crustacea, Diogenidae). Journal of Experimental Marine Biology and Ecology, 156: 151-160.

Harvey, A.W. and E.A. Colasurdo, 1993. Effects of shell and food availability on metamorphosis in the hermit crabs *Pagurus hirsutiusculus* (Dana) and *Pagurus granosimanus* (Stimpson). Journal of Experimental Marine Biology and Ecology, 165: 237-249.

Kim, M.H., J.N. Kim and S.Y. Hong, 2004. Two hermit crabs of genus *Pagurus* (Crustacea: Decapoda: Anomura: Paguridae) from East Sea of Korea. The Korean Journal of Systematic Zoology, 2: 87-98.

Komai, T., 2000. The identity of *Pagurus brachiomastus* and descriptions of two new species of *Pagurus* (Crustacea: Decapoda: Anomura: Paguridae) from the Northwestern Pacific. Species Diversity, 5: 229-265.

McLaughlin, P.A., 1983. Hermit crabs-are they really polyphyletic? Journal of Crustacean Biology, 3: 608-621.

Oh, S.C., 1997. A check list of hermit-crabs (Crustacea: Anomura) in Korea. Underwater Science and Technology, 1: 81-84.

Ross, D.M. and L. Sutton, 1968. Detachment of sea anemones by commensal hermit crabs and by mechanical and electrical stimuli. Nature, 217: 380-381.

저 자 소 개

김미향

부산수산대학교 해양생물학과 이학사
부경대학교 해양생물학과 이학석사
부경대학교 해양과학공동연구소 선인연구원
한국학술진흥재단 유망여성과학자

손민호

영남대학교 생물학과 이학사
부산수산대학교 해양생물학과 이학석사
부경대학교 해양생물학과 이학박사
University of Wales, U.K. 박사후 연수
부경대학교 해양과학공동연구소 선임연구원
부산환경운동연합 해양분과 운영위원
(주) 해양생태기술연구소 대표이사

한국의 집게

초 판 1쇄 인쇄일 2006년 7월 10일
초 판 1쇄 발행일 2006년 7월 15일

저 자 김미향 · 손민호

발행자 주 성 필
발행처 도서출판 **아카데미서적**
서울특별시 강남구 신사동 628-39
TEL 02) 516-3131~3
FAX 02) 542-9254
Hompage 아카데미서적
http://www.academybook.co.kr
E-mail aca97@hitel.net

정가 9,800원

★ 잘못된 책은 바꿔 드립니다.

ISBN 89-7616-376-1 93490